LINE 即時行銷全攻略：

從經營顧客到提升銷售實戰計畫書

權自強

到「海課」課程頁
輸入序號「linebook」，
折價 500 元，永久有效！

（不可和其他折扣同時使用）

海課教育：http://www.highclass.cloud

權自強
三合一
行銷課程

立即加入本書社群！
獲得書籍內容
持續更新與更多教學

再次學會善用 LINE 官方帳號利器

　　最近遇到一個好朋友，她在台南經營一間小小咖啡廳，過去兩三年因為疫情關係，生意普普通通，但最近疫情過了，生意開始有了一些起色，又運氣很好遇到了一個網紅來店裡拍照打卡，一下子湧入了大批顧客。然而她心中卻有小小的隱憂，很害怕下個月網紅熱潮過了，生意會不會又恢復原樣？她問我要怎樣才能延續這個熱潮，或是讓那些來過的顧客會想再來第二次呢？我問她有沒有在使用 Line 官方帳號？有沒有叫顧客都加入變成粉絲？她說雖然有帳號，但其實很少用，目前也才幾百個好友，成立至今幾乎從來沒有群發過訊息，只有一些顧客偶爾會透過 Line 來訂位使用而已。

　　Line 官方帳號一直是 Line 所有服務之中最為「易學難精」的工具，偏偏又是對中小企業來說最重要的工具。很多公司都曾經開啟使用過 Line 官方帳號，但後來卻因為要花群發費用、要安排人力在後台回覆管理等因素，最後棄而不用，變成孤兒帳號；也很多公司雖然開了帳號，但卻始終只會使用最基本的功能。

　　當我們絞盡腦汁想努力提昇公司業績的時候，卻完全忘了其實手上還有一個這麼好用的工具，每個月不用花多少錢，就可以帶來意想不到的巨大收穫。開發新客戶固然重要，如何善用好工具，維繫好和舊客戶的關係，才是更重要的一件事，坐在金山、

銀山上卻毫不自知，實在是太可惜的一件事，這也是我想出版這本書的初衷。

　　我的學生經常會問我，如果因為時間、資源有限，只能挑選一個平台來經營的話，應該要選什麼比較好？我通常二話不說就會推薦他們使用 Line 官方帳號，理由很簡單，台灣有兩千三百萬人，卻有兩千一百萬個 Line 帳號，由此可見 Line 在我們生活之中佔據多麼不可或缺的位置。FB、IG、Youtube，甚至抖音、小紅書，都有各種不同使用族群的差異，花時間經營這個平台，就可能沒照顧到那個平台的用戶，唯有 Line，在台灣不分男女老少都在使用，每人每天都會花大把時間在上面，黏著度非常高，所以經營 Line 官方帳號可說是最重要、投報率最高的平台。

　　再舉另一個真實案例。我有個學生在台東開高級民宿，住一晚的費用將近一萬元，他在上完我的 Line 課程之後，不但開了帳號，還很積極地發了簡訊邀請所有來過的舊客戶來加好友，結果不到一天時間就從零增加到兩千多個粉絲，但幾個月過去了，我發現他的官方帳號還是和之前一樣無聲無息，沒有發過一則訊息，我傳訊息關心他是否在操作上遇到什麼問題？結果得到一個啼笑皆非的答案：因為每月要付 800 元月費才能群發，他不想花錢，所以後來就完全都沒用了。

這不是很可笑的一件事嗎？倘若花了 800 元月費，發了一則訊息，哪怕只帶進了一筆訂單，以他的房價來說，收到的報酬絕對遠遠超過月費，為什麼會因小而失大呢？這就是很多老闆現在對 Line 官方帳號的錯誤認識：「因為我不會使用，也不想付月費，所以乾脆不要用。」這就是我出版這本書希望幫大家解決的痛點，希望用最簡單清楚的方式，教會你 Line 工具的各種用法，而且不只是圖解詳細操作說明，更帶入了很多重要的行銷觀點，讓你知道該如何活學活用，千萬不要浪費了這個行銷資源。

除了上述的理由之外，這一兩年來，因為 Line 官方帳號開放了免費的 API 串接，讓 Line 不僅僅是個群發訊息、一對一聊天工具而已，更搖身一變成了最方便、實用的 APP，客戶可以透過 Line 向你們訂餐、訂房、訂購商品、預約服務等等，還可以串接 AI 客服機器人，即時在線上為客戶解答各種疑難雜症，省時、省力、省錢，就可以做好維繫客戶關係、達到提昇業績目標。希望你看完這本書，可以擺脫對 Line 官方帳號的舊印象，好好擁抱這個就在我們身邊的好用行銷工具，善用它為你或企業創造最大的收益。

目錄

PART 04　案例解析怎麼把 LINE 官方帳號變成應用程式

PART 05　分眾加功能活用，用 LINE 官方帳號分眾行銷

PART
01

LINE 即時行銷
關鍵心法

1-1

要依靠過客？還是依靠顧客？

　　我們都知道 LINE 傳送訊息非常即時，而且可以直接傳到客戶的手上。但只是因為可以傳送即時訊息，所以才要使用 LINE 行銷嗎？其實並非如此，反而一旦訊息都是廣告，你的 LINE 官方帳號只會更快被顧客封鎖，所以，在使用 LINE 即時通訊行銷前，我們應該要先搞懂，什麼才是有效的行銷策略與流程。

　　讓我先從一個真實發生的故事來跟大家說明。這是我一個實際輔導過的產業客戶，他的名字叫立康中草藥生活館，是一間在臺南的觀光工廠。這家觀光工廠，主要就是在賣一些中草藥的藥品，他們平常的消費模式，主要是仰賴遊覽車司機，怎麼說呢？

　　這些觀光工廠和很多旅行社、導遊合作，這些遊覽車司機，會把阿公阿媽團體載來進行觀光與消費。

　　但也因為如此，他們的參訪人數其實不是很穩定，如果景氣一點，一天可能會有三、四十部的遊覽車來觀光。但如果不景氣一點，很有可能只有二、三十部遊覽車。因為如此，他們的生意業績，有時候很好，有時候不好。主要就是因為參訪人數都不固定，也導致他們很難掌控自己的業績。

　　換個角度來看，一開始他們的業績、他們的客戶，其實都掌控在他們無法掌控的遊覽車、旅行團的數量上。

> **而且一車來過一車，不僅數量**
> **不可自己控管，這些來客也都只是過客，**
> **沒辦法成為長期的顧客。**

　　所以他們就在思考，如何讓自己的業績持續上昇，而且可以做到即使不依靠遊覽車司機，也可以讓業績不斷的提昇呢？

　　那時候他們的董事長看到我在華視頻道講的一個關於行銷方法的課程，他們就找到我，想要來進行一些有效的行銷規劃，讓自己的業績可以提昇。大家想想看，你們認為，最後這家觀光工廠，是用什麼樣的方法來有效的提昇自己的業績呢？可以不要再依靠遊覽車司機與旅行團呢？

　　肯定有人想說，他們可以建立 Facebook 粉絲專頁，在 Facebook 上建立社群形象，然後投廣告、找粉絲，建立一個觀光工廠的品牌形象，讓遊客會想要去觀光。當然，這是一個方法，而且也很可能是我們多年來對於網路行銷，一個其實早就行之有年的方法

　　其實，立康中草藥生活館他們當年也有依靠 Facebook 來進行行銷。不過，別忘了他們的消費者主要是有點年紀的長輩阿公阿嬤，他們使用 Facebook 的頻率其實沒有年輕人那麼高。

　　那麼，你可能會想說，既然這本書要講 LINE 官方帳號，應該當年他們就是用 LINE 來行銷吧？也不是！這家觀光工廠，當年想要開始改變

行銷方法的時候，其實也不是使用我們這本書要講的 LINE。因為當年他們剛剛想要開始改變時，其實還沒有 LINE 官方帳號這樣的服務。

咦？你可能有疑惑，如果這家觀光工廠不是使用 LINE 來做行銷，為什麼當作例子呢？

> **因為，他們當年解決問題的方法，**
> **和 LINE「即時行銷」的精神、策略，**
> **不謀而合。**

他們當年使用了什麼方法呢？其實很簡單，當年因為會到這家觀光工廠參觀的人，都是一些阿公阿嬤，這些阿公阿嬤們當年還不一定會使用手機。但是，這些觀光工廠的切入點是，如何讓這些從遊覽車、旅行團來的過客，不只產生一次購買，還可以創造第二、第三次的長期購買呢？

所以，這家觀光工廠當年想到一個辦法，就是在現場派很多客服人員，在這些阿公阿嬤來的時候，由客服人員一一接待問候，並且提出一個：「填寫資料就獲得優惠折扣產品」的活動。接下來，就由客服人員帶這些阿公阿嬤填寫自己的資料，填寫資料之後，客服人員就提供阿公阿嬤很多優惠的折扣，並且現場買東西還會獲得很多很多的贈品。

但這只是第一步，關鍵是先留下這些阿公阿嬤的手機號碼。

下一步，這些過客回去之後，可能過了半個月、一個月之後，當時到這家觀光工廠買過東西的阿公阿嬤們，會收到這些客服業務人員的電話。業務人員通常不會開始賣東西，而是先關心阿公阿媽的一些需求。

這裡面其實還隱藏著一個關鍵的步驟，當初他們在留下這些阿公阿嬤的個人資料的時候，除了姓名電話，還留下了一些關鍵的資料，例如每一位阿公阿嬤當時在現場買了什麼產品，這表示他可能在意什麼問題？有什麼健康上的需求？

這些業務人員，不只是收到這些阿公阿嬤的聯繫資料，也瞭解這些阿公阿嬤當初買了多少產品、買了什麼樣的健康食品。而由此他們也會知道，這些產品大概多久會吃完？什麼時間點會需要新的產品？以及每一位阿公阿嬤的實際產品需求是什麼？他們喜歡什麼類型的藥品？

除此之外，他們也瞭解這些阿公阿嬤的習慣，比如說，平常說話是習慣講國語，還是習慣講臺語，當時接待聊天探查到他們的可能喜好，以及這個阿公阿嬤的風格到底是什麼，他們都有非常詳細的記錄下來。

這家觀光工廠為了提升業績，透過現場客服人員的接待、聊天、詢問與填寫資料，了解每一位來過店家的人的體驗與資校。於是當他們開始利用電話行銷，每天就會派 15 ～ 20 個客服人員，不斷的進行有效的電話行銷，針對每一個阿公阿嬤的特殊需求、喜好，透過聊天拉近情感，並且在他們可能有需要時，提供公司新產品的購買優惠。

讓我總結一下這家觀光工廠當時採取的行銷流程：

➕ 讓到店一次的過客，留下聯繫資料。

➕ 在第一次到店時，透過優惠活動、客服服務，建立連結，也了解顧客需求。

➕ 建立來客資料庫，針對不同產品需要、適合行銷時間分眾。

➕ 用一對一的電話行銷，針對顧客需要，拉近情感。

➕ 並提供第二次購買行為的優惠。

如果只依靠「到店消費」，這些阿公阿嬤，很可能一生只會來這間中草藥生活觀光工廠一次，頂多兩次。所以觀光工廠要經營下去，就要仰賴不斷出現的新客人，但新客人難尋，而且非常受到景氣的影響。

可是，如果能夠和顧客建立連結，
了解顧客需求，進行分眾行銷。

那麼就像這家觀光工廠，透過電話行銷，他們就很有可能把這些阿公阿嬤其中的一部分人，變成一個永久的客戶，或是起碼可以購買第二次、第三次的客戶。

大家可以想想看、算算看，如果每天來 20 台遊覽車，每台遊覽車上面有 20 個人，這樣一來，每天來到觀光工廠的就有 400 個可能的潛在客戶。當然，不會每個人都買單，也不會每個人都有繼續購買的意願。但如果其中能夠有一定的比例，成為長久留下來的長期客戶，那麼業績自然就會持續的往上提昇。

而這樣的一個操作流程，其實也就是行銷的標準流程，也是 LINE 即時通訊行銷的核心精神。

　　當年，這家觀光工廠還沒有使用 LINE 這樣的即時通訊、行銷工具，而是用客服、電話慢慢行銷。

　　但在現在這個人手一 LINE 的時代，可能 LINE 比電話使用率還要高的時代，同樣的行銷策略，也可以應用在 LINE 上面，也是我們要利用 LINE 來經營客戶、連結客戶、向客戶行銷的原因。

1-2

LINE 經營客戶的六個重要步驟

其實很多時候,看過我們產品、進過我們店家、對我們的服務商品感興趣的人,每天都有一定的數量,但關鍵在於,這些人如何不要只是過客,不是過去了就不再產生行動的流量。我們可以把這些過客留下來,好好經營,變成我們真正的顧客。

我們在行銷中要經營的,不是一次性買過就走的人,如果這樣做行銷,那麼永遠都需要很高昂的行銷費用,而且還要不斷砸錢進去買新的流量。

在行銷中,真正要想辦法做到的,是怎麼把流量變成長久留下來的客戶,讓客戶的流失率變低,並且讓客戶有更多二次、三次購買的機會,那麼業績自然就會有大幅提升。

現在有 LINE 官方帳號這樣的工具,他們透過手機來進行即時通訊的行銷。手機是一個現代人隨時都拿在手上的工具,有電話號碼就可以彼此加為好友,一旦成為好友,就可以彼此互相傳送訊息,直達對方手上。

讓我們把前面那個觀光工廠的案例,再進一步往前推進。

這家觀光工廠,已經開始把阿公阿嬤這樣的客戶,慢慢培養成長期客戶,並且能夠在適合的時間點,用需求、優惠,來引導他們做第二次購買。這樣一來,他們的業績已經能夠有逐步的提升。

但如果要再更進一步，要再擴大成效，他們還有什麼方法，可以更有效地提升他們的業績呢？

你可能會想到，那麼我可不可以設計更多優惠活動，針對適合的客戶舉辦活動，並在活動中介紹更多相關的周邊產品，讓他們從買 A 產品，變成也可以購買 B 產品，加入更多健康產品的選擇，提升他們購買的動機（優惠、需求等）。從而我們的整個產品線的營業額，也就可以繼續帶動成長。

但除了讓原本的老顧客買更多東西外，其實還有一個重點，那就是有沒有辦法「不要透過到店遊覽車」，就能有效提升長期顧客的基數呢？

其實，這間中藥生活館，還做了一個更關鍵的行銷行動：

> **就是讓現有的客戶變成一個種子，**
> **透過活動讓老顧客邀請新顧客進來。**

當時，這家觀光工廠是這樣做的，他們舉辦各種活動，對這些老顧客說，如果你們覺得這裡賣的健康產品吃起來還不錯，那麼你就可以成為我們的銷售種子，進一步去跟你的親朋好友推薦。推薦的時候，除了你的親朋好友會有優惠之外，我們也會給你回饋！

例如當你推薦更多親朋好友來購買（或是變成會員），你自己購買的時候會有更高的折扣，當你可以推薦更多的朋友來購買，你獲得的折扣

就會更多。他們使用這個方法,也讓很多不一定是從遊覽車來到生活館,甚至從來沒有去過他們的觀光工廠的人,也變成了他們的客戶。

當然,這個例子可能有點極端。不過這個例子,充分說明了一個關鍵的經營客戶的流程,也是我們這本書,所要分享的 LINE 即時通訊行銷的經營流程。

如何有效正確的經營客戶呢?我先總結幾個步驟:

➕ 第一個,你要跟你的客戶建立連接。

➕ 第二個,你要為客戶完整的建檔,建立愈完整的資料越好。

➕ 第三個,根據不同的客戶需求,給予不同的行銷策略。

➕ 第四個,要能夠跟客戶建立友誼的關係。

➕ 第五個,關鍵的是要能夠「提前服務」,在客戶需要前提供選擇。

➕ 第六個,能夠讓客戶呼朋引伴,去擴大你的行銷的範圍。

這個流程呢?其實就是如何正確經營客戶的流程。

你可以思考,自己經營客戶的時候,有做到其中的哪幾個步驟呢?有沒有漏掉哪些策略?導致自己花了大筆的預算、時間去行銷,但效果卻不顯著?說不定,你就可以從上述的行銷策略中,找到能夠讓自己產品業績持續上升的一個正確有效的方法。

同樣的,我們要注意的是,在使用 LINE 官方帳號做行銷的時候,千萬不可以把它當成一個發電子報的工具。

> **這是很多朋友很害怕 LINE 官方帳號
> 會提高訊息費用的原因，
> 如果你只想到要用發訊息來行銷，
> 那麼當然會覺得好像要花掉鉅額行銷費用，
> 又不一定有用。**

LINE 官方帳號，不是一個用來發行銷訊息的工具，他應該是幫助你跟客戶建立關係的橋樑，讓你和客戶建立直接而緊密的連接，建立起關係後，你才能具有效的經營你的客戶。

如果對照前面的六個經營客戶的行銷策略，那麼 LINE 官方帳號可以做到的是：

➕ 第一個，透過加入即時通好友，和客戶建立連接。

➕ 第二個，追蹤客戶對各種訊息反應的資料庫，建立分眾名單。

➕ 第三個，根據分眾名單，進行適合的、各種不同內容形式的行銷。

➕ 第四個，透過即時聊天、客服，和顧客建立關係。

➕ 第五個，透過圖文選單、自動回訊，準備好客戶能隨時解決問題的工具。

➕ 第六個，利用集點卡、優惠券，讓老顧客有優惠，且有動機邀請親朋好友加入。

上面每一個 LINE 官方帳號的功能，搭配行銷策略的運用，我們就可以把「即時通訊行銷」，變成一個經營客戶、促發客戶購買的有效行銷流程。

而上面每一個功能與應用方法，我也會在這本書中，逐步為大家講解。

千萬不要把 LINE 還是當做一個每天發發優惠訊息、做新聞通知的工具，LINE 可以跟客戶直接互動、直接傳訊的特色，才是他跟 Facebook 社群專頁不同，能夠提供更進階、更直接行銷效果的地方。

LINE 即時行銷的核心策略

不要把 LINE 變成另外一種投放廣告、發布消息的社群平台,而應該善用 LINE 即時通的「溝通」特性,結合 LINE 官方帳號中幫助你管理好友(顧客)的行銷工具,做好經營客戶的行銷策略,這才是我們使用 LINE 即時通訊行銷的原因。

我用三個重點來總結,LINE 即時通訊行銷,可以幫助公司解決三大問題:接觸客戶、黏住客戶、成交客戶。

接觸客戶

這邊指的接觸客戶,主要是說當客戶已經看到你,來過你的店家,或是購買過你的商品後,商家如何能夠進一步的與這些客戶直接接觸。

傳統的作法,往往是把行銷當作廣告,於是撒了很多錢,有效時還真的可以導入很多流量、人潮,但問題是,這些人來了一次就走,而從此以後變成過眼雲煙,我們無法再進一步的接觸這些潛在顧客。

或者,我們可能有商家的官方網站,可能有 Facebook 專頁,可是就算衝到了一定的點閱數,或是衝高了粉絲數量,但是當我們有話想要跟客戶溝通,或是客戶想要跟我們溝通時,卻可能沒辦法真正接觸到這些對我們有興趣的朋友。

而 LINE 的即時通訊行銷，就能夠運用工具，解決這樣的問題。

我們可以利用一些活動、優惠（往往這些優惠功能，已經內建在 LINE 官方帳號的功能中），吸引看到我們、來過店家、消費過一次的顧客，加入我們的 LINE 官方帳號，建立起初步的連結。

接著，我們能夠利用即時通訊的直接、便利，透過傳訊息，或者透過聊天，甚至透過許多特殊的活動工具，在 LINE 即時通裡，直接接觸我們的客戶，進一步的透過客戶經營，把他們變成顧客，變成長期會員。

LINE 官方帳號，是幫助商家接觸客戶的一個直接、有效的工具。

黏住客戶

有了接觸客戶的方式，接下來要思考的就是如何黏住客戶，讓他們願意留下來，並且產生信任。

而且這個過程中，如何有點黏，但又不會太黏？

我們都知道，很多 LINE 官方帳號只要一發訊息，往往就會「損失」一些好友。因為很多人第一時間因為優惠活動加入 LINE 官方帳號好友，你不發訊息時，他也忘記你，但一旦發送訊息，而且當下讓他覺得像是廣告，他又覺得你的帳號沒有用，這些好友就會立刻封鎖你。

要如何創造自己不會被封鎖的價值？要如何讓自己的 LINE 官方帳號對好友粉絲是有用的呢？

💬 第一個重點，就是要保持人味

你的公司的 LINE 官方帳號，應該看起來要像是一個真實的人。你可以

設計一個角色，與你的官方帳號結合在一起，讓發訊息時可以保持人情味。

讓我們想想看，在使用 LINE 的時候，為什麼一般人比較容易封鎖 LINE 的官方帳號，但很少有人會去封鎖 LINE 上面朋友的帳號呢？有一個關鍵的原因是，因為大家覺得我封鎖的 LINE 官方帳號，看起來就像是一個品牌而不是一個人，對方反正也不會知道，我只是解除一個訊息追蹤，而不是在封鎖一個人，所以完全不會有任何的心理壓力。

> **但如果你的 *LINE* 官方帳號，**
> **可以經營得像是顧客的好友一樣，**
> **建立溝通的情感，**
> **那麼就能保持人味，更有效黏住客戶。**

從 LINE 官方帳號的功能出發，你可以思考，如何在運用這幾個功能時，展現你是一個好朋友的人味：

- ➕ 歡迎訊息：展現和對方交朋友的口吻。

- ➕ 群發訊息：像是即時通聊天的語氣。

- ➕ 聊天功能：用好朋友的溝通方式，幫助客戶解決問題。

- ➕ 自動回應訊息：設計生活化的關鍵字，讓好友傳送一些日常問題，也能自動收到回答。

上述功能，當然本書都會一一介紹。而關鍵就是在運用時，我們要把 LINE 官方帳號當作一個人來經營，是要跟顧客交朋友，因為這是在即時通訊上做行銷。

只有保持人情味，讓顧客覺得可以跟你的 LINE 官方帳號直接溝通互動，才是好的經營方法

💬 第二個重點，實用為優先

好不容易累積了一定數量的 LINE 官方帳號好友後，我們當然想要趕快行銷，但先不要急，一直發行銷訊息就希望對方購買，並不是一個好策略。

> 如果想要發訊息黏住顧客，但又不被封鎖，
> 那麼一定要先發「實用的好內容」。

什麼是實用的內容呢？就像你是那個人的好朋友，站在那個人的角度，發現對方有什麼需要，好朋友就會發送對方真正需要的資訊，提醒他、告知他、提供他幫助。

讓我們用一個實際的案例，來思考看看何讓你發送的內容，看起來不像是下廣告，而像是實用的訊息。例如，你是一個按摩店，你的 LINE 官方帳號如果一直發送優惠折價券，即使有折扣，看起來就是像廣告，這樣的訊息發多了，就會有很多顧客想要封鎖你。

但如果想要把自己發送的訊息，變成看起來是實用的資訊，這時候你應該從加入這個 LINE 官方帳號的粉絲的人，會是什麼樣的人的角度，去解析你應該對這些人發什麼樣的實用內容。解析你的客戶，有什麼樣的共同需求、共同喜好。

舉例來說，這些會加入按摩服務的 LINE 帳號的朋友，他們的共同點第一個當然就是喜歡按摩，重視保健，或是身體很容易疲勞，工作壓力很大。所以這時候，如何讓身體更健康、如何減輕疲勞的相關知識，對這些客戶來說是有興趣、很實用的知識。你可以在每次發訊息時，都提供這樣的相關知識給對方。

這些會想按摩的客戶，第二個共同點可能是他們都住在你的按摩店附近，會去按摩的人應該都有地緣關係，他們可能住在附近，或者在附近上班，要不然他們不會對你這個有地緣關係的按摩店帳號感興趣。所以，從這個地緣關係的角度出發，如果有時候提供這個地區吃喝玩樂的最新資訊，而且可能是這群喜歡按摩，也就是想要放鬆有關的休閒資訊，或是健康有關的餐飲店家。那麼這些顧客也會覺得有趣，並且對他們來說，都是實用的資訊。

如果你的 LINE 官方帳號，
想像成是粉絲的好朋友，
那麼好朋友就不會只是丟廣告，
而是會常常關心朋友，提供朋友實用的訊息。

當然,我不是說 LINE 官方帳號不能發送廣告,畢竟行銷並完成購買,才是我們的真正目的。我是說,每一次發訊息時,別忘了結合關心好朋友的實用訊息。

因為 LINE 官方帳號一般的群發訊息,也能結合最多三則對話框,所以我可以結合:

➕ 提供對方需要的實用資訊。

➕ 帶出最新產品或服務的優惠訊息。

➕ 提供對方需要的實用資訊。

把自己的廣告行銷訊息,包在上下兩則實用的對話框中間,讓好友覺得這是一次很實用的群發訊息,這都是可以在一次的群發訊息裡面做到的。

總之,要站在使用者的角度,提供對方覺得實用的內容,就是好的內容。

例如,你的 LINE 官方帳號是一個衣服店,我常常都要發店面衣服的折扣訊息,但只有這種訊息,粉絲一定覺得不實用。但如果我也在訊息中加入最新的流行趨勢,換天氣的時候需要的一些保暖措施,但其中可能帶出自己品牌的衣服,這就是用實用訊息包裝你的商業訊息,這樣設計訊息才會更加的有效。

💬 第三個重點,多一點異業結合

每一個 LINE 官方帳號,可能是一個專門的產品服務,或是一個在地店家,你當然會想專心經營自己的產品就好,但問題是,顧客不會每天、每小時都一直需要你的產品。

我的意思是，如果你是一家牛排館，顧客如果每個月都來你這裡光顧一次，應該已經算頻率很高了。大多數顧客應該很難每週都去光顧你的店家。那麼反過來想，如果你每個禮拜、每兩個禮拜，都要丟一些行銷訊息給對方，對方會不會覺得很煩？

但是不丟訊息又無法跟客戶保持關係，不保持關係，就無法確保他們再次來消費，但丟了訊息，又怕他們覺得煩？這應該是很多經營 LINE 官方帳號的朋友的兩難吧？

其實，還可以有一個思考點，我們的店家或許是專業而單一的，但如果你可以跟相關的周邊店家、相關產品服務一起合作，那麼會不會可以提供給顧客的內容就更全面，並且有變化，也能打中顧客更多不同層面的需求呢？

繼續以前面的按摩店來舉例，如果你只是一直發送按摩的訊息，顧客可能看久了，心裡會想我自己也沒有那麼高的頻率要一直按摩，好像可以把這個 LINE 官方帳號封鎖了？

但如果你可以試試看，跟附近的店家結合，例如你旁邊有一家披薩店，能不能也跟他異業結合，一起推出共同的優惠活動呢？或是互相幫彼此發送優惠訊息，互相吸引粉絲？

> **這樣一來，你的 LINE 官方帳號，看起來就是一個常常有新鮮多元資訊，有很多有趣新活動，又能結合實用、在地資訊的平台了！**

💬 第四個重點，如何讓訊息不像廣告訊息？

除此之外，不要忘記 LINE 官方帳號提供的許多行銷工具，並非只有發訊息才能行銷。

例如，你的 LINE 官方帳號可以在下方設計一個「圖文選單」，如果好好設計，它其實是你最好的廣告機制。

比如說你是個披薩店，你今天推出某一款最新披薩菜單，你可以做一個大大的披薩照片圖，在圖文選單中，提供到月底這個披薩都是 7 折的優惠。

這時候，你可以先用實用的資訊（而非廣告的資訊），吸引對方進入你的 LINE 官方帳號來看。利用貼文吸引大家進來後，他們除了看到自己需要的實用訊息，也就會看到你這個披薩廣告的圖文選單了（圖文選單可以設計成一進入帳號就開啟）。

後面我們還會介紹到像是圖文選單這樣的 LINE 官方帳號工具，可以如何好好的利用。

這邊我就總結幾個在發送訊息時的注意事項，讓你的訊息可以黏住顧客，但又不會看起來像是廣告訊息：

➕ 發送對粉絲來說需要的實用訊息，是最高原則。

➕ 可以把行銷資訊包藏在實用訊息中，或是利用其他工具顯示廣告。

➕ 發送訊息的頻率，最好每個禮拜只有一兩次。

➕ 發送訊息的時間，要避免超過晚上 9 點，或是早上 8 點前，以面打擾台灣用戶的睡眠時間。

當然，這些可能都有特例，例如你的粉絲很明確都是夜貓族，那你的發送訊息時間可能不同。

或者你提供的內容真的非常實用，所以就算每天發得很頻繁，粉絲還是一直增加。（不過在 LINE 官方帳號的費用機制下，這樣的現象應該會減少很多）

成交客戶

接觸客戶、黏住客戶，是 LINE 即時通訊行銷必備的過程，但我們最終的目的，依然是要成交客戶。而這也是 LINE 這個行銷工具的有利之處。

因為在 LINE 官方帳號中，提供了很多行銷工具，可以幫助我們吸引顧客到店消費，完成線上到現下的轉換。例如 LINE 官方帳號中有集點卡、優惠券、抽獎活動等等可以設計，這些都可以吸引顧客再一次來到你的店家消費。

> **不過，在這些行銷工具之前，**
> **我覺得要「成交客戶」最最重要的一個工具，**
> **其實是用 LINE 官方帳號跟客戶「聊天」。**

我有看過一個 LINE 官方帳號，有 25 萬的好友粉絲，他們隨時在線超過 10 個客服人員，隨時透過 LINE 官方帳號的後台，直接答覆客戶的即時問題。用一對一的聊天，解決顧客的問題，並且直接幫助顧客完成購買。

因為，那些會透過 LINE 官方帳號真的來問問題的人，其實都是已經對你很有興趣，只是還有疑惑，所以第一時間尚未下手的人。都是對你來說最重要，最有可能成交的粉絲。

在使用 LINE 官方帳號時，您應該把一對一聊天的時間拉得愈長愈好，因為這些會真的跟你一對一聊天的客戶，才是真正有可能去成交的客戶。

不過也要注意，如果你一旦決定開啟「一對一聊天」的功能（手動聊天模式），那麼就一定要指派專人去回應。因為一個有開啟聊天功能，卻永遠不會即時回應的 LINE 官方帳號，反而是會讓用戶反感的喔！

以上，就是 LINE 即時通訊行銷的三個核心策略：接觸客戶、黏住客戶，最後成交客戶。運用 LINE 官方帳號上的特殊功能，來完成和顧客溝通並導引的目的。

LINE 行銷你做錯及做對了什麼？

　　雖然大家已經都很習慣裝一個 LINE 官方帳號來進行店家、品牌的行銷，但「有在用」跟「很會用」之間還是有關鍵的差別，還是有許多朋友的 LINE 官方帳號無法達到有效的行銷效果，這是為什麼呢？

在地商家常常沒有意識到持續行銷的重要性

　　一般來說，大多數店家通常都是老闆都是先決定想賣什麼，然後找好店面，簡單裝潢一下，就開始做生意了。

　　老闆心裡想的通常是：「只要我的東西夠好吃，等做出口碑，客人自然會上門」！所以一般來說，老闆心裡根本沒有「行銷」的概念或預算，頂多在開店初期打個折扣、發發傳單罷了。但是等到第一波撿便宜的客人全都來過，生意就突然溫到谷底，從此再也爬不起來了。

　　事實上，行銷這件事應該從一開始就放在心中，而且最好可以預留一些行銷預算，就算不是另外拿出錢來，也要有心理準備，每月收入的固定比例應該拿出來做行銷，才能讓業績一直有平穩的提昇。

　　而且愈晚作行銷，通常來說，等到生意下滑到一定程度，要再靠行銷來力挽狂瀾，就會變得事倍功半了。

這是為什麼呢？我舉一個例子，有一家老王牛肉麵店開張至今已經超過半年以上，這段期間曾經來吃過的客人沒有五千個，也有三千個，但他從來沒有留過任何客人的資料，因為在老王的心中，他就和一般老闆想的一樣：「誰去吃個牛肉麵還會想要留資料，或是花時間加入會員辦一張 VIP 卡呢？」因此，他從來沒想過要主動去認識這些來過的客人。

假設老王在剛開店時就使用 LINE 官方帳號做行銷，用盡一切方法鼓勵每個顧客都關注成為他們的粉絲，因為每個人幾乎都有 LINE 帳號，關注 LINE 官方帳號又不用寫資料，既方便又可以保有隱私，難度應該沒那麼高。

半年之後，慢慢累積下來，至少應該也會有上千個顧客轉變成他們的粉絲，從此，他就可以透過 LINE 官方帳號的機制群發訊息給這些來過的顧客，化被動為主動了。

透過 LINE 官方帳號和顧客「真正的」噓寒問暖

以前面這段提到的老王牛肉麵店為例，要如何化被動為主動呢？

舉例來說，夏天遇到淡季時，他可以發個訊息（或優惠券）告訴大家：「即日起，只要來老王牛肉麵店用餐，立刻送你冰可口可樂一瓶。」說不定有些上班族或學生衝著免費飲料，中午就跑過來吃麵了。

到了冬天生意變好，他可以發個訊息提醒大家：「為避免在現場久候，老王歡迎大家透過 LINE 官方帳號提前訂位，凡訂位成功者，將可立刻享有九折優惠。」藉此培養大家使用 LINE 官方帳號訂位的習慣，不但可以提早化解排隊人潮，還可以達成促銷的宣傳效果。

總之，想辦法利用 LINE 官方帳號和你所有的客戶建立聯結，然後化被動為主動，是每個店家都一定要學會的即時通訊行銷技巧，即使你只是個賣飲料的小店面，都可以試著這樣做做看。

一旦開始 LINE 官方帳號行銷，記得要「全面啟動」！

很多店家在使用 LINE 官方帳號時犯的最大錯誤是：沒有全面啟動行銷計畫的決心。就像 FB 打卡就送一碟小菜的活動，只做了一張小海報放在店門口，沒有店員用力去推，說不定很多客人連看都沒看到，效果當然會不如預期。

所謂的全面啟動，就是下定決心想做 LINE 官方帳號行銷時，可以在店門口掛上大布條，而且在店內的兩面牆上都貼上了大大的海報，再加上很吸引人的誘因（例如免費牛肉麵及打七折優惠），所有的顧客想不看到這些行銷活動都難。一旦關注、分享在客人之間變成了一種習慣或流行，行銷起來就變得事半功倍了。

LINE 官方帳號行銷也要懂得良性互動

最後，所謂的行銷，也不一定就只是讓顧客消費而已。

真正懂得 LINE 即時行銷的品牌、店家，往往不會一直發送商品或優惠訊息騷擾大家，反而是喜歡邀請老客戶給店家一些回饋意見，並且還很認真的——回應這些顧客的意見，汲取其中有建設性的部份來確實做出改變！

這樣做不但讓顧客感覺自己受到重視，也徹底顛覆了傳統經營生意的

模式，不再只是憑老闆一個人的直覺，而是蒐集到顧客真實的心聲，進而隨時做調整，這樣成功的機率當然會比別人大很多。

> **善用 LINE 官方帳號行銷，**
> **幫助我們真正根據顧客的真實意見**
> **來改善我們的服務。**

除此之外，店家很認真的和粉絲們回應互動，久而久之，這些客戶也都從原本只是來吃一碗麵、僅有一面之緣的陌生人，轉變成為有點熟、又有點不熟的網（朋）友，既然是朋友，當然有空沒事會再來店裡「交關」一下！

線下的消費關係導引變成線上的友誼關係，線上的友誼關係再導引回到店面的消費關係。

這樣持續的良性循環下去，生意自然就會愈做愈大囉！

PART
02

LINE 即時行銷
經營策略

2-1

「接觸客戶」的關鍵策略

即時通訊行銷的本質就是和客戶建立連結，我們可以用一段簡單扼要的話來總結 LINE 官方帳號行銷的行為模式：

**企業利用 LINE 官方帳號和客戶建立連結，
然後通過不斷與客戶進行訊息互動，
獲得品牌影響力和業績提昇的行銷行為。**

事實上，上面這段看似簡單的行銷行為裡，LINE 官方帳號可以幫助企業解決三個非常重要的難題：

接觸客戶

黏住客戶

成交客戶

首先，我們來聊聊 LINE 官方帳號如何解決「接觸客戶」這個難題。

我們需要和潛在客戶保持聯繫

過去，企業想要掌握每一個客戶資料，並不是想像中那麼容易。

如果有實體門市還簡單一些，可以想盡辦法請客戶留下資料，像是加入會員可享折扣優惠；用完餐請客戶填一下顧客滿意度調查，還可以順便留下聯絡資料；甚至購物滿多少錢，就可以憑發票留資料參加摸彩活動等等，這些方法都有機會要（偷）到客戶資料。

然而，如果你的企業並沒有門市，只有一個「無會員機制」的官方網站，那許多網路訪客都只是蜻蜓點水，來去不留痕跡，就算可以從 GA 之類的工具大致分析每天流量來源，畢竟還是很難知道真實訪客的資料，更無法後續與這些訪客「保持聯絡」。

其實在行銷行為裡，我們可以把客戶分成兩種：「潛在的客戶」、「消費過的客戶」。

潛在客戶，他可能只是剛好經過你的門市，或是不小心搜尋到你的網站，從頭到尾都沒有和你做任何聯繫。但是，他會想要在你網站佇足停留，就表示對你的某項服務或產品有一定興趣，針對這種客戶，如果有更即時、強烈的「主動促銷」。或是可以讓他更無痛的和你聯繫上，說不定在互動一段時間之後，他就有可能變成了你真正的主顧客。

不僅僅是進店消費的客人，就連每天路過的潛在客戶，都有機會透過 LINE 官方帳號接觸到店家。只要在店門口招牌放上一個大大的 QRCode，鼓勵路人掃描關注帳號之後，就可以立刻進店享有消費折扣，

或是免費兌換一個好康贈品，藉以降低大家首次消費的門檻，鼓勵潛在客戶進來開始他們的「第一次消費」。

> 行銷就是這樣，當我們有好的產品時，
> 就要用行銷讓我們的產品和客戶
> 產生第一次接觸，
> 有了接觸，客戶才會愛上我們的產品。

另一方面，即使他只是為了取得贈品而走進來，至少有機會留下聯繫他的管道，只要未來持續保持訊息互動，都有可能某天就變成了我們真正的消費者。

我們需要和消費過的客戶保持聯繫

另一種是曾經和你們消費過的客戶。

這種客戶明明已經踏進店裡，也花了時間享用你們的美食或服務，如果消費完就拍拍屁股走了，沒有留下他們任何一丁點聯絡方式，從此消失在茫茫人海當中，豈不是相當可惜嗎？

如果企業有辦法可以和這些首次消費的客戶保持聯繫，不僅主動去瞭解當天服務的滿意度或意見回饋，並且持續發送相關產品資訊，鼓勵他

們再多來消費個兩、三次，說不定慢慢他們就變成死忠的老客戶了。

不論是針對潛在客戶或是已消費的客戶，LINE 官方帳號都是一個很容易接觸到他們的行銷工具。

只要店家有申請一個 LINE 官方帳號的官方帳號，就可以獲得一組「QRCode」。擁有帳號之後，最簡單的行銷方式，就是把 QRCode 印出來大大的貼在店裡，再加上一些好康誘因，就很容易有機會把在店內消費的顧客轉化成粉絲。

無論 B2B 或 B2C，都可用 LINE 官方帳號和顧客接觸

即便你的企業並沒有實體店面，只有一個官網介紹服務，甚至提供的只是一個 B2B（企業對企業）的服務，過去，對你產品或服務有興趣的人，只能透過 Email 或是電話的方式和你聯繫，現在多了一個 LINE 官方帳號，客戶可以隨時隨地與你進行線上諮詢對談，更加有效地消除了客戶在網路虛擬世界裡對你們公司的陌生感。

甚至還可以把龐大線上客服系統的費用節省下來，何樂而不為呢？

為什麼 LINE 官方帳號更容易接觸到客戶？

為什麼 LINE 官方帳號會比傳統請客戶在現場填資料加入會員，或是在網站上請客戶留下諮詢表單的方式，更加容易接觸到客戶呢？

原因有兩點：第一點是因為現在智慧型手機實在太普及了，而台灣使用智慧型手機的人幾乎都隨時隨地在使用 LINE 這個即時通訊工具和朋友聊友，和同事談工作，所以關注 LINE 官方帳號這個動作對每個人來

說幾乎都不費吹灰之力，可以在一分鐘之內就完成。

第二點是因為現代人對個人隱私愈來愈重視，相較於留下姓名、手機、信箱，甚至地址等比較敏感的私密資料，關注 LINE 官方帳號的門檻可以說低到不能再低，客戶就算關注了你的官方帳號，也不代表會曝露他的任何隱私資料，所以幾乎每個人都可以在很沒有壓力的情況下就和你建立起一個相對比較弱的連結。

最糟的情況下，或許這個客戶真的只是為了得到好處或享有折扣才關注你們公司的 LINE 官方帳號，他大可以在走出門口之後，就立刻把你的帳號封鎖，當這件事從來沒發生過。或是等到有一天，受不了你持續發過來的廣告訊息時，再不留情面的把你封鎖，一點也不用感到不好意思。

也因此，LINE 官方帳號這個好用的即時通訊行銷工具，將可以有效協助我們突破客戶的「第一層」心防，達成「接觸客戶」的這個第一項重要任務。

如何設計誘餌讓潛在客戶加入 LINE 官方帳號？

要讓可能的客戶加入你的 LINE 官方帳號，很常見的方式就是利用掃描 QRCode，台灣的使用者也已經很習慣做這個動作。但是可能有些店家要不就是連 QRCode 都沒放，要不就是放了沒有效果，究竟應該如何來放置 QRCode ？如何想辦法曝光 QRCode ？最後如何誘使大家去掃描 QRCode，進而達到增加粉絲的目的？這可不像你想像中的那麼簡單。

QRCode 出現在不同的位置，可能就會有各種不同的應用。舉例來說，如果 QRCode 放在名片上，通常一掃可能就會連到那家公司的官網，或是直接秀出那個人的聯絡資料、簡歷。如果 QRCode 放在一瓶飲料的背後，可能一掃出現的是那罐飲料的成份、產銷履歷。如果 QRCode 出現在海報或 DM 上，幾乎不用懷疑，就只會是一串網址，方便讓你一點就連到某個官網或活動網站去。

但是，上述這些位置的 QRCode，真的有很多人會主動去掃描嗎？還是其實主動掃描的比例非常低？

也因此，店家如果還想要透過 QRCode 來增加 LINE 官方帳號的粉絲，一定得要先靜下心來好好思考一下，通常大家都不會主動掃描你的 QRCode，我們要事先體貼客戶粉絲的心理，才能找到有實質幫助的突破點。

QRCode 掃描後要包含有意義訊息

在什麼樣的情況下，客戶才會對你們公司的 QRCode 有興趣？

第一種情況：QRCode 本身蘊涵了「有意義的訊息」。

舉個最簡單的例子，如果名片上放了一個 QRCode，大家不見得會想去掃描，但如果你在遞出名片時附帶說明一句：「掃描 QRCode 可以立刻看到我過去的學經歷及作品介紹」，那收到名片的人會想掃描看看的意願就會增加了。

不過話又說回來，我和客戶、朋友交換名片這麼多年，名片上有放 QRCode 的人不少，但幾乎從來沒看到有人交換名片之後當場掃描過（找不到這種時機），更不用說回家之後，還會記得要特別打開手機掃掃看。

所以除了有意義的訊息，還要進行主動的提示，店家可以請潛在客戶掃描你的 QRCode，加入 LINE 官方帳號後又立即提供有意義的訊息。

QRCode 掃描後要促進有價值的行動回饋

每次在 PUB 或夜店入場時，門口警衛會在你手背上蓋一個印章方便之後自由出入，但美國有一間酒吧，在手背上蓋的卻是一個 QRCode。被蓋的人當然會感到十分好奇，入場之後就找機會用手機掃描了一下 QRCode，發現會連結到這間夜店的行動官網，然後在官網上不同的時間點會秀出不同的重要訊息。

像晚上 22:00-24:00，是客人消費的高峰，這時候官網出現的是優惠

券，可以直接到吧台換一杯酒或打折扣。午夜 24:00-06:00 之間，一般客人可能已經準備要回家了，因為喝了很多酒，這時候需要的是叫車服務，可以直接在網站上送出需求，或撥打電話叫車接送。

而當你宿醉了一晚，在白天的 06:00-16:00 之間，好不容易醒來時，發現手臂上的 QRCode 還在，可以立刻掃描一下，你將可以在官網找到醒酒秘訣，可說非常實用。

這個 QRCode 叫做 Buddy Stamp，因為很有趣又實用，該酒吧統計幾乎高達 85% 被蓋章的人都會在 FB 上分享他的使用經驗，也連帶增加了其他人想去這家酒吧的興趣，業績當然就有了很明顯的成長。

舉一反三，也可以在你家商品上放一個 QRCode，讓客戶一掃描就可以加入 LINE 官方帳號，但同時看到商品的成份說明，或是來源產地履歷。像陸客經常會去採購免稅商品的昇恆昌，為了讓大家吃的安心，還特別成立了一個昇恆昌商品檢驗報告網站，並在所有商品上都置放了一個 QRCode，如果陸客對任何食品有疑慮時，都可以掃描一下 QRCode，會直接連結到那個檢驗報告網站，可以再查詢各項食品的 SGS 完整商品檢驗資訊，這項應用可說是非常貼心。

或者像是景點、設施單位，也都可以去申請一個 LINE 官方帳號，當遊客掃了 QRCode 之後，直接關注該景點的 LINE 官方帳號，有問題可以讓大家隨時在線上提問，這些也比提供單純資訊要更方便一些。

QRCode 掃描後要有誘餌引人上鉤

除了有意義或實用的資訊之外，大家看到 QRCode 會想掃描，還有一個很重要的原因，就是如果看到一個很強烈、很吸引人的誘因。

舉例來說，你走進一家麥當勞要買套餐，店員和你說，現在只要掃描 QRCode 關注麥當勞的 LINE 官方帳號，就可以立刻昇級套餐，小薯條換大薯條、小可樂換大可樂，再多送你一盒雞塊，除非你剛好沒帶手機，否則只要花不到一分鐘的時間掃一下 QRCode 就可以得到這麼多好康，又何樂而不為呢？

我們可以把這種誘餌再細分成以下幾類：

💬 誘餌一：消費立即享有折扣或升級

這種通常是最直接，也是最有效的誘餌。客戶已經上門了，表示他對你們公司的商品有興趣，這時候只要給一點小小的甜頭，就很容易推動他們掃描 QRCode，從過客一下轉換變成 LINE 官方帳號顧客。

我的建議是，這種誘餌最好不要給的太小氣，反正一人只有領取一次的機會（如擔心重覆領取，可請領取者發送一則訊息到官方帳號，藉此查證是否為第一次領取），給的誘餌還是愈大愈好。

> *除此之外，我再提醒大家一個小小的訣竅：*
> *「一定要儘量讓每個人分開得到好康，*
> *而不是只要一個人掃描，大家就都有好處」。*

這是什麼意思呢？我舉一個例子你就很清楚了。

我有個朋友是開涮涮鍋店，到他們店裡只要掃描 QRCode 關注 LINE 官方帳號（或地標打卡）都可以得到一小盤免費的火鍋料，因此，幾乎每個進店的客人都會照做不誤，一天最少就可以增加幾十個新粉絲。

　　相反地，我們家樓下有一間泰式料理店，通常是幾個人一起去吃一桌合菜，結帳時只要掃描 QRCode 關注他們的 LINE 官方帳號，全桌就可打 9 折。因為只要一個人掃描（通常是付帳那個人），就可以得到折扣，所以當然每次每桌都只會增加一個粉絲，一整天下來，能增加 10 ～ 20 個新粉絲就很不錯了。

　　看出兩者的差異了嗎？其實算起來，店家一整天送出的優惠好康可能是差不多的，但效果可能卻有天壤之別。

💬 誘餌二：關注帳號立刻送上小禮物

　　一掃一禮，只要掃描 QRCode 關注 LINE 官方帳號就送你一個禮物，這也是非常有效的方法。

　　就如同前面提到的涮涮鍋店，只要掃描關注成功就立刻送你一小盤火鍋料，相信能抗拒的客人很少，尤其看到朋友都有拿到，自己卻沒有時，說不定還會主動關心起兌換贈品的途徑。

　　這種誘餌厲害的地方，在於可以不只侷限在已經進店消費的客人，就算那些只是經過店門口的路過客，甚至完全不曉得你們店在做什麼的人，都有可能透過這種方式變成你的粉絲。

　　關鍵點就在「你送的小禮物究竟有多吸引人」？

　　掃描 QRCode 就送你一張入店折價券？還是掃描 QRCode 就送你一個小福袋？根據我們實際操作的經驗，如果送的贈品是還要進店消費的

折價券或兌換券，成效都會很差，因為那其實感覺不像是一個禮物，反正比較像是一種促銷行為，大家也都一眼就看穿了。

福袋通常會比折價券還好一些，但有時因為從外表看不出來禮物內容究竟是什麼？大家多少也會有點小質疑。

最好的做法，就是直接找一個店員，專門負責在店內或店外發送小禮物，他可以把一個實體的小禮物拿在手上或掛在身上，像是小玩偶、鑰匙圈、小吊飾、公司產品等等，只要客戶（或路人）一掃描關注 LINE 官方帳號成功，就立刻把禮物送給他，像聖誕老公公一樣，其實效果是最直接最好的。

💬 誘餌三：關注帳號就有機會抽大獎

這個方法和第二種方法有點像，差別只在於獎品的大小，以及獎品是不是現場拿到而已。

其實這是一個老方法了，像我們有時候去一些大賣場買完東西，在出口的地方可以憑發票領到一堆摸彩券，為了不錯過摸到大獎的機會，每一張都要乖乖寫上自己的聯絡方式，然後再丟入摸彩箱。但奇怪的是，那些看起來超級好康的大小獎品明明堆積如山，為什麼我的手氣就這麼背，幾乎從來都沒有被抽中過。

別再傻了，那些其實都只是廠商想要洗你個人資料的方法而已，大獎究竟有沒有抽出？被誰抽走？可能只有天知道。

現在有了 LINE 官方帳號之後，好處是大家不用再在摸彩券上辛苦填自己的資料才能參加抽獎了，只要掃描關注一下帳號，就可以直接報名抽獎活動。雖然最後的汽車、機車看起來還是離自己有些遙遠，但反正掃一下 QRCode 既簡單又不用花錢，抱著一個希望也好。

這種過一段時間才從粉絲中抽出大獎的好處是，大家不會一拿到禮物後，轉身就把你的官方帳號給封鎖了，因為這樣做不但會失去抽獎資格，也可能會看不到得獎名單公佈，可以再讓大家多關注一小段時間。（當然，我絕對不是鼓勵詐騙行為，最好還是要真的送出大獎才好）。

● 誘餌四：關注帳號可以立刻與我互動

這種誘餌比較適用在明星藝人、講師、達人、專家學者之類的 LINE 官方帳號。

像我有一個朋友公司叫做「可道法律事務所」，他們當天剛剛開始建立帳號時，透過 FB 廣告及口耳傳播的力量，在短短一個月內就增加了三千個粉絲，其中有一個很重要的原因，就是粉絲關注他們的 LINE 官方帳號之後，就可以直接又隱私的和律師一對一諮詢自己的疑難雜症。

要知道，過去律師、醫生這種專家達人，想要見上一面問東問西可不是件容易的事，今天可以透過 LINE 直接對話，豈不是太方便了嗎？

當然，這些律師事務所和你們線上聊天的動作也不是全都在做白工，他們除了會在線上努力熱心的回答大家一般性問題之外，時不時也會邀請一些客戶直接來事務所深入對談，這樣事務所的業績不就扶搖直上了嗎？

以上，是幾種引誘大家掃描 QRCod 關注你們 LINE 官方帳號的方法，總之，不論你用那一種方法，千萬不要忘記多站在客戶的角度，或是先向周遭親朋好友做個小市調，究竟這個誘因是否足夠吸引他們？還是只是你一廂情願想給的好康，其實對大家根本就不具吸引力呢？

有了好的誘因，也別忘了要把這個誘因放在最明顯的位置，甚至培養（要求）店員主動向客人提起這些好康，這樣才會發揮最大的效果喔！

2-3

「黏住客戶」的關鍵策略

　　接觸到客戶只是第一步，能夠「黏住客戶」，持續和客戶保持聯繫互動，才是最困難的工作。

　　甭說 LINE，就拿你手機裡各式各樣的應用程式來說，究竟有多少 App 是你每天都會打開來用的？可能一隻手就可以數得出來，其他的 App 通常都要心血來潮想到時才會打開一下，可能根本就忘了自己曾經下載過那個程式。說不定等到有一天手機空間不夠了，就把那些很少開啟的 App 給刪掉了。

「服務」，讓顧客不想刪除你的 LINE 官方帳號

　　我們當然不希望自己的 LINE 官方帳號也淪落到這樣的下場，費了好大的功夫才讓客戶關注官方帳號，當他一走出店門口，或是收到第一則廣告訊息時，就毫不猶豫地把這個帳號給封鎖了，那還不是徒勞無功！

> ## 客戶為什麼會想要封鎖你的官方帳號呢？
> ## 原因可能有千百種，但歸納到最後，
> ## 就是三個字：「沒有用」。

　　如果他覺得這個 LINE 官方帳號日後還用得到，絕對不會輕易就把你給封鎖了。

　　下面我舉一個 3C 老闆阿達的例子。

　　阿達在光華商場賣各式各樣的 3C 商品，像是電腦、NB、數位相機、手機之類，和他差不多屬性的店，在光華商場少說也有四、五十家。大家都知道光華商場的競爭有多激烈，會來逛的客人多半也都很精，都一定會貨比三家，除了看店員的服務態度之外，通常都還是以價格來決定最後向哪家店購買。不過這些 3C 商品各家的價差並不會很大，最多就是差個 100 元上下而已，所以每天的生意好壞，大部份都要靠運氣才行。

　　光華商家都申請了 LINE 官方帳號在做行銷，阿達也在朋友的建議下申請了一個帳號。剛開始，他只是把 QRCode 貼在門口，歡迎大家關注帳號，不過會主動掃描的客戶並不多，每天新增的人數還不到 5 位，粉絲人數呈現龜速成長。

　　很多人可能立刻歸結於 LINE 官方帳號沒有用，但阿達沒有太快放棄，他靜下心來做了一下思考：「明明每個人都在用 LINE，粉絲數沒有成長一定是出在自己身上」。

於是，他化被動為主動，把倉庫裡堆了很久賣不出去的一些小東西，像是容量比較小的行動電源、隨身碟，或是耳機、傳輸線之類單價不高的商品拿出來重新包裝成福袋，只要掃描關注 LINE 官方帳號就可以抽一個福袋，甚至沒消費也沒關係。

一祭出贈品好康，粉絲人數果然開始有明顯的成長，每天從不到 5 人增加到 50 ～ 100 人，也因為不少人都會在他店門口掃描 QRCode，店的人氣變旺了，業績也有不少的提升。然而，都花了那麼多功夫增加粉絲，阿達並不僅滿足於粉絲數的成長，他更希望可以透過 LINE 官方帳號這個工具，和客戶持續保持互動，增加老客戶的回訪人數。

於是，他又推出了一個附加服務：「只要是在店裡消費過的客人，關注 LINE 官方帳號之後，就可以終身享有線上即時客服，不論是任何和 3C 有關的問題，即便是和當初購買的產品沒關係，只要發問，阿達團隊就會竭盡所能解答你的問題。」

因為怕有時候剛好在忙，所以他給客戶 24 小時回覆的承諾，不論是什麼問題，一定會在 24 小時內有回應（當然，不保證一定都是正確無誤的解答）。

大家應該都有買過 3C 商品的經驗，許多商品剛拿到手會有一陣摸索期，總希望有人可以稍微指導教學一下，雖然 Google 大神很好用，但並不是什麼問題都能找到解答；上臉書向朋友請教，有時又怕自己的問題太笨被嘲笑。現在在 LINE 官方帳號上有一位很親切、來者不拒的「阿達老師」願意回答任何問題，當然要好好運用一下。

就算剛開始使用商品沒問題，但之後你還是可能會有各式各樣的 3C 問題，例如某台數位相機現在光華商場賣多少錢？某個新推出的小米設備在光華商場有沒有現貨？或是你最近想幫公司添購一台雷射印表機，

究竟該選那一款比較好？

這些林林種種的 3C 問題，以後你都可以隨時詢問 LINE 上的「阿達老師」，雖然你不見得完全相信阿達回覆的每個答案，但至少是個方便又即時的參考依據，不問白不問。

有這麼好用的服務，你還會隨隨便便就封鎖阿達的 LINE 官方帳號嗎？

讓客戶覺得「有用後」，再推出你的銷售新資訊

除了「你問我答」的線上服務之外，阿達每星期也會固定群發一次 LINE 訊息，他把這個訊息取名叫做「最新 3C 資訊搶先報」，每次電子報裡都會分享一些最新推出的 3C 商品情報，包括新聞報導連結、商品照片、商品售價等等。

有興趣的人可以直接來光華商場選購，或是懶得出門也可以直接點選連結，到阿達新成立的線上 3C 賣場訂購。因為阿達早已建立一定的信任感，大家一點都不擔心這個店家的售後服務，所以下單的顧客也就愈來愈多了。

大家看出阿達如何利用 LINE「黏住客戶」了嗎？其實關鍵點很簡單，就是要讓粉絲覺得這是一個「有用」的官方帳號，大家就不會輕易把你封鎖，而且還會持續和你保持互動了。

或許你不用像阿達一樣，剛開始就提供即時問答的服務，把自己或員工累個半死，但你一定要花時間好好想想自己公司 LINE 官方帳號的存在價值。

≡

不論任何行業都一樣，
都必須掌握「一對一客製化」、「即時互動」
這兩個最重要的 *LINE* 使用習性。

　　這樣我們才可以在 LINE 官方帳號提供粉絲愈差異化、愈快速的線上服務，也就有機會抓住粉絲的心，不用再擔心他們會把你忘掉或封鎖了。

如何發送訊息讓客戶留在 LINE 官方帳號？

「沒有人會想和一間公司說話！」

做社群行銷工作這麼多年，人味是我覺得企業最需要一再被提醒的地方。

以 FB 粉絲團為例，為什麼名人、藝人、部落客、圖文創作者的粉絲團都有超高的按讚、回應數，但換到任何一個企業經營的粉絲團，就變得冷冷清清、乏人問津？

很簡單，因為一來大家都知道那些企業經營的粉絲團多半帶有商業性目的，二來是那些以企業名稱或品牌為主的粉絲團，發佈的內容多半很「官方說法」，看不到太多「人味」，所以當然不會有人想和一間公司進行互動。

同理可證，在 LINE 官方帳號的經營裡，如果還是一直呈現出「企業官方帳號」的感覺，和粉絲之間也會有很大的距離感，想創造互動也會很困難。

訊息不是發電子報，而是溝通工具

先來想一下，為什麼經營 LINE 官方帳號一定要有人味，一定要和顧客多多「互動」呢？我就是把 LINE 官方帳號當成一個電子報發報平台

不行嗎？

我關注了上百個各式各樣的 LINE 官方帳號，發現 90% 以上的公司都只把它當成群發訊息的工具，鮮少有公司把它當成和粉絲溝通互動的工具。這也不是不行，前提是你要確保每次發佈的都是粉絲很愛看的內容，只要有任何一次讓粉絲感覺像在打廣告、被打擾了很煩，下場就是立刻被封鎖或退掉。

一旦被封鎖、退掉，還有重新恢復好友的一天嗎？這個機率微乎其微，因為每個人每天接收的訊息那麼多，少了一個廣告帳號好友，只會覺得清靜不少，絕對不會再有想起你的一天。

那怎麼樣的官方帳號，比較不會淪落被封鎖的下場呢？前面提過幾個重點，主要第一個就是粉絲認為你發送的訊息很實用，第二個就是和你之間有感情，就不會隨便想要封鎖你。

要有感情，前提就是要覺得你是一個「人」，而不是一間公司。

你或許會說，怎麼可能呢？我們 LINE 官方帳號名稱明明就是一間公司，怎麼可能感覺像是一個「人」？沒錯，帳號名稱可能是公司名稱，但大家更在意的是經營的那個人是誰？是小編？是老闆？是輪班客服人員？如果能讓粉絲稍微感受到多一些人味，就會慢慢忽略了那個帳號名稱了。

讓訊息充滿人味的技巧

以下，是我覺得可以呈現人味的幾個方面。

有一個不錯的開場白方法，就是直接先秀出一個代表人物的照片（例

如老闆、店內正妹或某個吉祥物，記得不要太正經八百的），然後用他／她的口吻和大家說話，會比起冷冰冰的企業問候語要有親切感多了。

> 就算大家都知道這可能只是一個代表人物，
> 不是真的那個人在和大家對談，
> 但還是一個和粉絲拉近距離不錯的方式。

最能展現 LINE 官方帳號人味的，莫過於一對一即時問答聊天了，這也是 LINE 官方帳號最好用的地方。只要有人發訊息給你，就可以把他們設成好友，隨時可以主動發訊息給他們，真是相當的方便。一開始，或許大家還不習慣主動發訊息給官方帳號（畢竟和好友感覺有點不一樣），但只要多多鼓勵，就一定會有很大的改變。

例如，你可以先準備好人手，然後群發類似以下的訊息給大家：「粉絲好朋友們午安，現在 X 律師正在線上，不曉得你有沒有什麼法律相關的問題，可以趕快趁這個機會發訊息過來提問喔！你發過來的訊息是一對一的，只有 X 律師事務所的人看得到，其他粉絲是看不到的，你可以安心喔！」

或是開放式的意見調查：「粉絲好朋友們早安，讚點子最近想辦一場網路行銷講座，不曉得大家對什麼議題比較感興趣？我們想利用今天時間做個小小的調查，你現在可以直接丟訊息或意見給我們，讓我們來聽聽看大家的心聲。」

也可以辦活動，回答問題送獎品：「我是 XX 銀行的小編，現在開始舉辦一個贈獎活動，只要你在今天之內，拍下你和我們銀行的合照，上傳回覆給我們，審核通過之後，立刻就可以參加抽汽車的大獎，最快上傳的前 50 人不用抽，可以直接拿到參加獎。」

不論是用任何一種方式來鼓勵大家和官方帳號進行互動，切記最好收到訊息都能儘快回傳訊息過去，就算回個表情符號也好，這樣粉絲會覺得這個帳號真的是有人在回應，以後就會加深他們想要多多和你互動的意願了。

在訊息中巧妙的行銷廣告

上面說了這麼多，但是如果經營一個 LINE 官方帳號卻不能幫自家打廣告，那不是白白浪費時間嗎？

> **絕對不是不能打廣告，**
> **而是要學會巧妙「置入性行銷」的技巧。**

LINE 官方帳號其實就像電視或雜誌一樣，它是你們公司的自媒體，一個吸引人的媒體，前提絕對是要有很豐富精采的內容，少量的廣告再穿插在其中，甚至置入在節目裡，不會讓你明顯看出來。因此，千萬記得站在粉絲的角度來想，大家會想看到某個 LINE 官方帳號傳來什麼內容呢？簡而言之，就是：

想和朋友「分享」的實用資訊或優質文章

如何定義好內容？關鍵點就在上面提到的「分享」兩個字，如果你自己看了這個內容，都會有想和朋友分享的衝動，大概就沒錯了。

按照這個原則，我提供以下幾個發文方向給大家參考：

一、專業性

❶ 和公司專業領域有關的技術性文章分享（最好淺顯易懂，可以先分享摘要，想看完整文章再連回官網）。

❷ 不為人知的小撇步、小常識，愈實用愈好。

❸ 客戶的實際案例故事分享。

❹ 邀請該領域的知名專家達人開設專欄，每周固定時間發表專欄文章。

二、娛樂性

❶ 有趣笑話、圖片、感人勵志故事、心靈小。

❷ 最新流行或當紅話題有關，搭配時事的新聞議題評論。

❸ 多媒體影片或聲音。

三、互動性

❶ 整理粉絲的常見提問與回答，並且鼓勵粉絲多多發問。

❷ 舉辦類似 on air 的活動，預告幾點～幾點之間可以接受一對一回答問題，或進行線上抽獎活動。

❸ 直接拋出一個開放式的問題，請大家可以傳訊息回來發表意見，或回答問題。

以上這些只是我拋磚引玉的一些可能方向，我相信大家可以想到更多好內容和粉絲們分享。

慢著，你可能會問，如果每天都在發這些實用資訊，那究竟何時才能幫公司產品打廣告呢？

其實，這些有價值的訊息當中，本來就可以夾帶公司或產品的資訊，只是不要讓粉絲第一眼看到的就以為是廣告罷了，廣告可以得置入愈自然愈好。

事實上，我覺得真正厲害的社群行銷，就是根本不要做行銷，你每天的任務應該就是和粉絲搏感情、做好朋友，維持專業又親切的形象，這樣就足夠了。

當粉絲覺得你是一個可諮詢、可聊天的對象時，下次他有任何相關需求，怎麼會不來找你呢？或許，一開始要花很多時間與社群經營、互動，但只要慢慢累積起在粉絲心中的信任感，未來的影響力將會愈來愈大，也愈來愈深遠的。

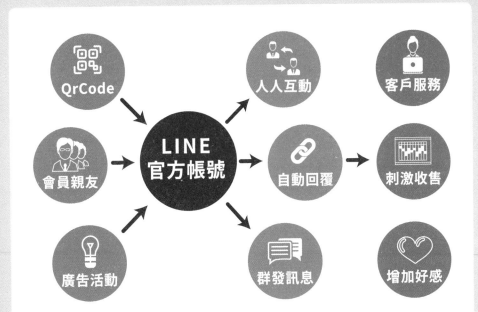

「成交客戶」的關鍵策略

即時通訊行銷軟體，可以說是當今 O2O 最好用的工具。

但什麼是 O2O？意思就是「Online to Offline，線上經營導引線下消費」。這種行銷現象本來就一直都存在，如果公司都只是一直在「經營」社群工具，卻始終沒有獲得實質的績效，那又有什麼用呢？

就像 Facebook 的粉絲專頁，不論你有幾萬或幾十萬粉絲，如果花了很多精神每天發文、辦活動、送獎品，最後卻看不到對企業有任何實質幫助，那這種行銷實在是非常空虛的。

> **這裡的實質幫助不一定要導引消費，**
> **即使只是增加品牌形象或是網路影響力都好。**

不要陷入增加粉絲的迷思

你或許會覺得好奇，怎麼可能會不想增加粉絲？但事實上你去看看許

多大公司經營的粉絲專頁，粉絲人數雖然不少，但小編們每天都在貼一些和品牌無關的心靈小語或搞笑圖文，對那些經營者來說，唯一的 KPI 大概只有每月貼了幾篇文章、增加了多少粉絲而已，實質有什麼效益？誰能保證呢？

回到 LINE 官方帳號的經營，其實道理是一樣的，如果我們想盡辦法新增了許多粉絲，最後卻無法對企業有任何助益，那又何必要花時間去經營呢？

還記得前面提過的那個阿達 3C 賣場的故事嗎？請注意，吸收粉絲和黏住粉絲都只是過程而已，千萬別忘了阿達的初衷，他主要的目的還是希望透過 LINE 官方帳號的經營，可以增加整體公司的業績。

所以，我們可以來設想看看，究竟業績最後會從哪幾個地方帶進來呢？

分析店家業績真正的來源

💬 第一、門市過路客：

因為阿達在門口張貼「掃描 QRCode 關注帳號就送福袋」的活動，所以吸收到不少過路客變成粉絲，這些人因為拿獎品而走進了店裡，成功營造了門市活絡的氣氛，而且也增加了消費的可能性，就算這次沒有消費，他們也會是未來潛在的消費客戶。

💬 第二、回頭老顧客

本來所有曾經消費過的客戶，和這家店的連結只有一張名片 + 保固卡，下次再來光華商場時，因為同類型的店家實在太多，連想再找到阿

達的店都不容易，說不定就跑到別家店去消費了。

現在因為這些客戶都關注了阿達的 LINE 官方帳號，平常就持續有在互動，就算沒發問過，也會經常收到阿達最新 3C 情報訊息，早就對阿達有一定的熟悉感與信任感，下次想再消費時，很容易第一個就想到他們的店，於是，這些客人就從單次消費，慢慢變成經常來拜訪的老主顧了。

💬 第三、線上購物

O2O，不只可以解釋成「Online to Offline」，其實也可以說是「Offline to Online」。這些原本因為在實體門市接觸或消費過的客戶，因為 LINE 官方帳號的關係變成了在網路上和老闆互動的粉絲，當然也有可能進一步變成「阿達 3C 網路賣場」的忠實會員。

畢竟客戶來自全國各地，不是每個人都有機會再回到光華商場消費，尤其是當他有比較急迫的需求時，倘若可以順勢滿足他們線上購物的需求，那自然也可以為公司創造更多的商機了。

重複的優惠方式不一定能創造成功導購

LINE 官方帳號有一個現成的導購工具叫做「優惠券」，店家可以設定優惠內容，例如折價多少錢，或是消費就贈送什麼小東西，然後一次發送給所有的粉絲。

但是，有些商家使用過幾次這個功能之後，發現真正拿優惠券來兌換的人似乎不多，就輕率的認為 LINE 官方帳號的導購效果不好。事實上，不是這個工具有問題，問題是出在經營者對這種優惠兌換方式有著太高的期待。

其實用折價卷來導購本來就是一個老掉牙的行銷方式，速食店不是經常也在路邊發送這種折價 DM 嗎？用 LINE 官方帳號的差別只是可以節省印製折價卷的成本，以及可以用最快的速度傳送到粉絲手裡罷了，不代表拿了券會回來使用的比例就會比較高。

我想，除非是店家有打出一個不可思議的優惠，例如買一送一，或是某個熱銷商品限量免費大放送，相信絕大部份的人收到訊息還是看過就算，只把它當成廣告的一種而已。

用 LINE 官方帳號導購，一定要記住的三件事！

那麼究竟使用 LINE 官方帳號這種即時通訊工具來行銷，要怎樣才會有比較理想的導購效果呢？

我們如果把 LINE 官方帳號也當成一種社群工具來經營，它和 FB 粉絲專頁的經營方式其實有點像，大部份的粉絲都會是潛水族，很少有人會主動浮出來和版主互動，不過它和 FB 粉絲專頁比起來，少了很多的擴散效果，取而代之的是「隱秘性」與「專屬性」。

在 LINE 官方帳號行銷更像是一對一的聊天諮詢工具，經營者只是多了群發的功能而已。因此，社群經營如果要有較佳的導購效果，一定要注意做好以下幾件事：

💬 第一、讓正確的顧客加入

寧可找到正確的族群。如果你明明是做 3C 賣場的經營，粉絲卻全都是對美食、旅遊有興趣的人，那當然導購的效果會不如預期。粉絲還是貴精不貴多。

💬 第二、多一些人味，多一些互動

社群講求的是人和人的互動，在 LINE 官方帳號的經營裡，粉絲是沒辦法互相認識聊天的，他們唯一可以互動的人就是老闆，如果這個 LINE 官方帳號看起來的感覺很嚴肅，問了問題也沒人理會，那他們以後怎麼敢再向你提問呢？

💬 第三、「信任感」是社群經營裡最重要的關鍵

說實在，現在很多商品在 PChome 或是 Yahoo 奇摩之類的商城都買得到，而且今天買明天就可以到貨，不但可以刷卡、分期、運費門檻低，消費者還不用擔心被騙，他們為什麼一定要和你買東西呢？

原因通常不會是因為你比較便宜，而是因為他們相信你這個人，而且喜歡你們公司的服務。

當我還只有一個模糊的需求，不確定該買哪一家的商品時，你會在線上為我詳細剖析各家商品的優劣差異；當商品買到手之後如果有瑕疵，你一定會在最快的時間讓我無條件退換貨；當產品拿到手之後如果不會使用，你也會不厭其煩的在線上對我教學。這些都是我選擇向你消費的原因，因為你的貼心服務，讓我感到很安心，完全沒有後顧之憂。

四步驟經營決定顧客為什麼要跟你買？

看到這裡，或許你會覺得太不可思議了，哪個店家有辦法做到這麼貼心的服務？這要耗費多少的時間在 LINE 上和網友做互動，這樣執行的投資報酬率真的划得來嗎？

請你千萬要記得，不要只把焦點放在客戶單次的消費，而應該放在這

個人對我們公司整體的終身價值。如果他對你的服務真的感到滿意，不但會持續來消費變成老客戶，還會主動幫你們公司對外宣傳，一個人可能影響十個人，好口碑就是這樣做出來的。

　社群行銷導購絕非一朝一夕可以看到成績，是用心長期經營的結果，它就像下面這張流程圖一樣，循序漸進、循環不息，行銷不是一次的行動，而是長久的經營。

Know 認識　**Like** 喜歡　**Trust** 信賴　**Action** 購買

LINE 官方帳號
功能應用實戰

如何管理 LINE 官方帳號？

當你決定使用 LINE 官方帳號後，其實可以先使用免費的「輕用量」，但通常不夠，這時候應該如何設定費用方案？又或者，其實官方帳號中有很多「不需訊息費用」的新工具，可以幫我們做好行銷，你是不是都知道如何最省錢利用這些功能呢？

接下來這個章節，讓我們一步一步展開「LINE 官方帳號」的新功能。一方面讓大家了解新功能的操作，但更重要的是，可以怎麼樣有效利用，達到即時通行銷最好的效果。

第一步，我們需要知道如何進入「LINE 官方帳號」的管理後台，註冊一個新帳號。

手機、電腦端的帳號管理工具

對於現在電腦、手機並行工作的現況，「LINE 官方帳號」也有電腦端、手機端的管理工具可以使用。

手機上可以下載「LINE Office Account」這個 App。妳可以掃描下方，手機對應的 QRCode，獲得 Android 或 iPhone 手機的 App 下載點。

「LINE Office Account」
Android App 下載

「LINE Office Account」
iOS App 下載

在電腦上，只要打開網頁端的管理平台即可。但最好使用 Google chrome 瀏覽器，因為裡面有一些功能，必須要在 Chrome 瀏覽器上面才能使用。

LINE 官方帳號管理網站：https://www.linebiz.com/tw/login/

▲ 建議用「Google chrome」打開管理網站。

NOTE

注意！手機版管理 App 的功能大約只有七成。最完整的「LINE 官方帳號」管理功能與操作，請用電腦端的 Google Chrome 瀏覽器，開啟電腦網頁端的管理平台。

如何申請一個全新的 LINE 官方帳號？

如何申請一個 LINE 官方帳號呢？

步驟 1

有兩個方法，第一個，直接下載手機的 LINE
官方帳號 App：「Line Official Account」。
雖然說手機端的管理功能不完整，但如果只
是建立一個新帳號，手機倒是很方便。

步驟 2

打開 APP 之後，它會問你
要不要用自己的手機的 Line
帳號來進行綁定，這時要先
綁定自己個人的 LINE 帳號。

建選擇用 LINE 應用
程式登入（如果你的
手機已經安裝一般
的 LINE App）。

按下〔許可〕，允許用
LINE 帳號登入「LINE
Office Account」。

步驟 3

接下來,你就需要開始註冊一個新的「LINE 官方帳號」。在帳號填寫欄位,輸入:

1 帳號名稱

就是未來你的「LINE 官方帳號」顯示的名稱。

2 業種分類

根據選單中選擇最適合的業種。

3 公司名稱

填寫這個帳號背後真實的公司名稱。

例如:你的帳號名稱是「社群行銷達人」,但真實的管理公司名稱是「讚點子數位行銷」。

4 電子郵件帳號

填寫管理這個帳戶的電子郵件。

NOTE

在一開始申請全新「LINE 官方帳號」的時候,還不需要經過 LINE 的認證,所以這邊直接填寫你需要的資料,就可以立即申請完成。

只有等到你的官方帳號需要進一步認證的時候,LINE 才會去驗證你的公司名稱、郵件等資料,是否填寫正確。(可參考第二章,關於 LINE 官方帳號認證、不認證的區別。)

步驟 4

登入帳號，或是建立完成新帳號後，
進入管理後台，就可以看到你擔任管
理員的所有「LINE 官方帳號」了！

NOTE

在網頁端的時候也是一樣方式，開啟 LINE 官方帳號
的管理後台網頁。這時候，你可以利用自己的 LINE
帳號，直接進行登入。這時候也就可以在電腦網頁
端，看到你所管理的所有「LINE 官方帳號」。

NOTE

如果想要從電腦端，把舊的 LINE@ 帳號升級到「LINE
官方帳號」，則要先透過 LINE@ 電腦版管理後台，
將其升級為「LINE 官方帳號」服務。（LINE@ 電腦
版管理網站：https://at.line.me/tw/）

需要申請 LINE 官方帳號的
專屬 ID 嗎？

在完成前面的「LINE 官方帳號」申請或升級後，接下來妳可能會遇到這樣的疑惑：

➕ 我應該申請認證帳號嗎？有什麼好處？

➕ 我應該申請一個專屬 ID 嗎？有什麼好處？

關於 LINE 官方帳號的認證帳號

關於是否需要「申請認證帳號」，這裡做一個簡單整理：

➕ 我應該申請認證帳號嗎？有什麼好處？

▸ 灰色：沒有認證的 LINE 官方帳號。

▸ 藍色：有認證的 LINE 官方帳號。

▸ 綠色：與 Line 官方有特別合作方案（例如貼圖、藝人、媒體）LINE 官方帳號方案。

➕ 灰色未認證帳號

▸ 不能被直接用關鍵字或地點搜尋到。

▸ 帳號名稱可自由設定，沒有限制。

　　▶ 其他功能和認證帳號沒有不同。

➕ 藍色認證帳號：

　　▶ 可以被關鍵字、地點直接搜尋到。

　　▶ 有專屬、不可重複的名稱，幫使用者判斷官方品牌。

　　▶ 帳號名稱、公司名稱要一致。

　　▶ 需要設定地址，可以幫助使用者找到附近官方帳號。

關於 LINE 官方帳號的專屬 ID

另外，在 LINE 官方帳號上，還有一個專屬 ID 的「額外」付費功能。

一開始我們在申請 LINE 官方帳號的時候，不需要先申請一個專屬 ID。

但是剛我們進入 LINE 官方帳號的管理後台（這裡用電腦網頁版為例），打開右上方的〔設定〕按鈕。

在「帳號設定」頁面最下方。會看到可以購買專屬 ID 的選項。

帳號資訊

基本ID   @778nulfi

專屬ID   尚未設定

　　　　 購買專屬ID

　　　　 購買專屬ID後，您可自行設定好記的ID，讓帳號將更多被搜尋到的機會。

方案   輕用量

　　　　 變更方案

　　「購買專屬 ID」的步驟不難，重點是我們有需要購買一個嗎？「購買專屬 ID」的費用是每年 756 新台幣，不算特別高價，但也是一筆固定的負擔。

　　如果沒有購買專屬 ID，那麼妳的 LINE 官方帳號 ID 看起來就像是隨機數字編號。而「購買專屬 ID」的好處在於：

➕ 擁有一個專屬的、有意義的 ID 編號，看起來更專業。

➕ 這樣將可以方便使用者搜尋 ID 找到你。

➕ 需要先購買專屬 ID，才能完成申請帳號認證。

所以這樣評估下來，我的建議會是：

➕ 如果你是經營「品牌」，那麼應該擁有專屬 ID、認證帳號。

➕ 如果你非常需要「使用者主動找到你」，而且使用者也確實會主動去找，那麼需要擁有專屬 ID、認證帳號。

　　▶ 要想清楚，使用者真的會自己用關鍵字、地點搜尋來找你嗎？

➕ 如果只是個人商家、中小企業，或許只要「灰色未認證帳號」，就可以完成各種即時通行銷的手段。

計算出對你最划算的
帳號費用方案

對所有升級、申請「LINE 官方帳號」的使用者來說，最最在意的一件事，無非就是費用的問題。我應該選擇哪個方案，對我最划算？

免費輕用量，以及付費方案

當你新增 LINE 官方帳號後，以電腦網頁端為例，看到網頁上方，你會在帳號 ID 的旁邊，看到目前使用的費用方案。

一開始加入的時候，每個人都是輕用量的用戶，這時候是免費使用的。

「輕用量」的最大限制，就是「每個月」你只能發送「500 則訊息」。例如你有 500 個好友，今天發送了一組訊息給這 500 個人，這就算 500 則訊息，於是你這個月的輕用量就用完了，還不能加購訊息。

如果選擇「中用量」或「高用量」，那麼有三個重點：

➕ 要付固定的月費（都是以月為單位）。

➕ 會獲得每個月固定的訊息數量。

➕ 可以加購訊息，依照每一則計價。

設定 ▾	推廣方案			
帳號設定	您可於此確認或變更目前的方案。			
權限管理				
回應設定		目前方案　輕用量		
Messaging API		預定續鎖日期　不適用		
登錄資訊				
帳務專區	推廣方案一覽			
總覽頁面		輕用量	中用量	高用量
推廣方案				
專屬ID	推廣方案費用 ⓘ	NT$0.00	NT$800.00	NT$4,000.00
付款記錄	免費訊息則數 ⓘ	500	4,000	25,000
付款方式	加購訊息費用（每1則）ⓘ	不適用	NT$0.20	NT$0.15
電子發票資訊		使用中	升級	升級

其實「費用方案」本身很簡單，但關鍵在於：

➕ 哪個方案搭配加購訊息，對我最划算？

➕ 發幾則訊息內應該選擇什麼方案？

➕ 最後我的 LINE 行銷成本要預估為多少？

計算你的 LINE 行銷費用

因為最後的問題，所以我製作了一份「LINE 2.0 訊息加購價格與最省方案選擇試算表」，讓大家只要輸入你預估的客戶數、訊息數，就能計算出你的行銷費用，並直接建議你應該選擇什麼方案，準備多少預算。

步驟 1

這是一份線上的 Google 試算表，請你在電腦上使用，先打開這個網址：「http://bit.ly/2020line」。就會看到這份試算表。

步驟 2

接著，在線上試算表的左上方〔檔案〕選單，選擇〔建立副本〕。可以
在自己的 Google 雲端硬碟建立一份可以讓你自己計算的試算表

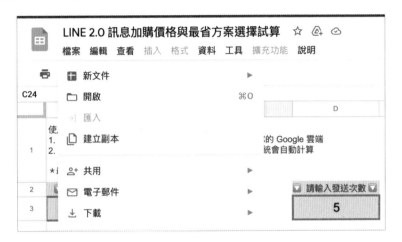

步驟 3

在紅色欄位處，輸入你預設的「好友數量」，以及你每個月打算「發送
幾次通知」。以圖例來說，我預設會有 10000 名好友，而每個月我會
發送四次的通知（平均每週發送一次）。

接著就會立刻看到結果，建議我們應該選擇哪種方案，然後加購訊息，
這樣最划算，並告訴我們可能的行銷預算。

步驟 4

試算表往下捲動，則可以看到如果選擇中用量、高用量，實際最後付款的金額會有何不同。

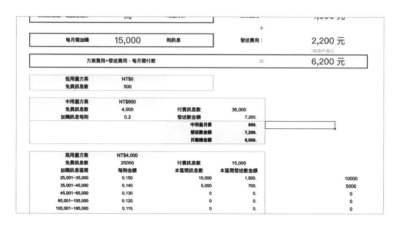

這樣一來，你就可以在選擇付費方案時，更知道自己要選擇哪種方案比較划算，並且知道應該準備多少行銷預算了！

> **NOTE**
>
> 不過別忘了本書一開始說的，不要只看訊息費用方案，LINE 官方帳號還有很多不用發訊息也能做行銷的功能，而這些都是不用費用的！後面我們會一一介紹。

LINE 官方帳號在 2023/9 後的方案升級分析

Line 官方帳號在 2023/3/1 公告了一個新的群發價格方案，預計從 2023/9/1 開始實施，也就是預告期整整有半年時間，由此而知它們對於這個新的方案有多慎重。

首先看一下官方要調整價格的原因：為加速產業數位轉型，LINE 持續投入資源優化功能以提升 LINE 官方帳號在平台生態圈中的商業價值。惟此次因應整體市場環境變化，LINE 計畫將自 2023 年 9 月 1 日起，針對商用之 LINE 官方帳號調整定價策略。

翻成白話文，就是「為了提供更好功能，所以必需漲價」，漲價雖然非常敏感，但仔細研究方案內容，會發現影響最大的主要是原本沒花一毛錢的輕量用戶。

「輕用量」用戶從每個月的免費 500 則訊息，一下子減少為 200 則訊息，而且不能加購（本來就不行），也就是如果你的粉絲數在 200 人以上的話，每個月連一次群發都做不到，想全部群

發只能「開始付費」昇級到中用量。

新方案乍看之下，對中用量用戶「似乎」很不友好，從原本的 800 元 4000 則訊息，一下子變成 800 元 3000 則訊息，感覺上是少了 1000 則訊息，而且是「不可加購訊息」，也就是如果你的粉絲人數在 3000 人以上，想要全部群發只能昇級到高用量。然而，仔細研究之後，這個方案影響最大的就是粉絲在 3000-4000 人之間的帳號，本來是不用昇級到高用量的，現在不得不多花 400 元昇級了，但如果你的粉絲人數是在 4000 人以上的帳號，新方案看起來彷彿是要多花錢，但實際算下來並不是真的吃虧，一直到 20000 人以上的帳號，又開始要多花錢了。

因為高用量用戶的門檻也從 4000 元降到 1200 元，可發免費則數從 25000 則降為 6000 則，超過的則數以每則 0.2 元加購。

我們用個實際案例，以 4000 粉絲為例：

➕ 舊方案：中用量，群發一次，花的費用是 800 元。
➕ 新方案：高用量，群發一次，花的費用是 1200 元，但發完還剩下 2000 則，還可以再發 0.5 次，換算價值等於 400 元。

再以有效粉絲 8000 人來算一次，大家會更清楚，新、舊方案花的費用是差不多的，如果每月只發一次訊息。

➕ 舊方案：中用量，花的費用是 800 元月費 +（加購 4000 則 *0.2 元）＝ 1600 元。
➕ 新方案：高用量，花的費用是 1200 元月費 +（加購 2000 則 *0.2 元）＝ 1600 元。

新舊兩方案要付出去的金額是一模一樣的。

這是一件很奇妙的事，照理來說，高用量從原本 4000 元降到 1200 元，價格降幅比例 30%，免費則數從 25000 則 *30% 應該是 7500 則，結果直接變成 6000 則，那不是應該算是漲價嗎？但事實上原本的 25000 則應該是有多贈送則數，現在只是調整回正常比例而已，所以對中用量用戶來說，每月要花的群發費用影響並不是很大。但對於粉絲數在 20000 人以上的帳號來說，新方案是比較吃虧的。

以 20000 粉絲為例：

⊕ 舊方案：高用量，花的費用是 4000 元月費 +（加購 0 則 *0.2 元）＝ 4000 元（還剩 5000 則沒發）。

⊕ 新方案：高用量，花的費用是 1200 元月費 +（加購 14000 則 *0.2 元）＝ 4000 元。

以 25000 粉絲為例：

⊕ 舊方案：高用量，花的費用是 4000 元月費 +（加購 0 則 *0.2 元）＝ 4000 元。

⊕ 新方案：高用量，花的費用是 1200 元月費 +（加購 19000 則 *0.2 元）＝ 5000 元。

不曉得大家看到上面一大堆數字，是不是已經頭昏腦脹了？我直接再幫大家整理一下結論，新制度影響比較大的是原本粉絲人數在 200-500 人之間的帳號，以及 3000-4000 人之間的帳號，這些帳號都必需進行昇級，多付一些錢，還有粉絲人數在 20000

人以上的帳號，也必需比從前多付群發費。

我猜想，Line 官方帳號會做這樣的價格調整，最主要應該是希望刺激更多免費用戶開始付錢，變成至少中用量用戶，他們可以因此多得到一些收入，而且用戶一旦開始付錢，通常就會更勤勞的使用，不會隨便就放棄不用了，可以大幅提昇黏著度。除此之外，到了中用量用戶之後，還可以啟用「分眾＋」這個好用的外掛，其實我覺得就算粉絲不多，為了使用這個外掛每月付 800 元都是很值得的。但我也知道目前很多商家是完全不群發的，基本上只使用一對一聊天，或是串 API 外掛功能，所以這個價格調整對他們來說應該沒有任何影響。至於那些粉絲比較多的高用量用戶，可能本來預算就比較高，價格調整對他們的影響或許也很有限，該發的訊息還是會發。

最後究竟是大利多，還是殺雞取卵，也只能等 9 月 1 日之後才知道結果了。重點是大家不要一看到價格變動就先哇哇叫，不要人云亦云，還是要仔細計算一下才知道你究竟有沒有被漲到價。再退一萬步來說，如果你剛好是被漲價的那群人，但只要每次群發都能得到幾筆訂單，這些費用應該也是很合理的，畢竟系統維護也是需要成本的不是嗎？ Line 官方帳號必需賺到錢才能繼續優化各種功能，否則未來有一天不能再用了，變成孤兒工具就更慘了。

快速了解 LINE 官方帳號 管理介面

想要對「LINE 官方帳號」進行帳戶管理，或是設計一些行銷訊息，可以透過「LINE Official Account」的管理 App，或是電腦端的管理網站。

我個人的建議是，當你要進行帳戶的重要設定，或者要設計發送的行銷訊息時，最好主要操作都使用「電腦端」的網頁後台。有幾個優點：

➕ 電腦網頁端擁有 LINE 帳號的完整設定功能。

➕ 電腦網頁端擁有最豐富的訊息設計、發送功能。

➕ 電腦操作介面清楚舒適，最有效率，不容易出錯。

你可以透過「https://manager.line.biz」來打開電腦端的管理網站。登入帳號後，你將可以看到目前你所管理的所有 LINE 官方帳號，選擇一個進入，就可以看到這個帳號下的所有設定與訊息功能了。

步驟 1

進入 LINE 官方帳號管理畫面後，上方會有一排「功能分頁」可以切換：

- ➕ 主頁：可以進行各種訊息、行銷功能的設計。

- ➕ 分析：帳戶的好友數、訊息記錄、優惠活動成效的統計。

- ➕ 聊天：帳戶好友傳來的訊息，可在此回訊息。

- ➕ 基本檔案：設計 LINE 官方帳號的「首頁」

- ➕ LINE VOOM：「LINE 貼文串」更名升級為「LINE VOOM」。

- ➕ 擴充功能：提供外掛模組，讓官方帳號擴充更多功能。

- ➕ 購物商城：LINE 的商城功能，可讓線上賣家上架商品。

- ➕ 分眾＋：建立標籤，傳送精準的分眾訊息。

- ➕ 設定：在右上方，可設定帳戶資料、更改費用、設定管理員權限等。

如果你同時管理多個帳號，可以透過整個網頁最上方的「官方帳號名稱」選單，直接進行切換。

在最上方這一排的資訊中可以看到：

➕ 目前正在管理的 LINE 官方帳號名稱。

➕ LINE 官方帳號的 ID。

➕ 這個帳號使用的費用方案。

➕ 目前的好友數。

➕ 目前設定的回應好友訊息模式。

第一時間要做好的聊天設定

　　LINE 官方帳號 2.0 的功能非常豐富,我會在後面的章節一一介紹,基本上,這需要花時間一個一個慢慢練習與測試。但有沒有哪些最基本的設定,是一申請 LINE 官方帳號就要立刻啟動,或需要知道的呢?

步驟 1

我建議進入〔設定〕的〔回應設定〕中,把預設的聊天機器人模式,更改為〔聊天〕。不是聊天機器人不好用,而是一開始我們還沒有設計好,這時候最好能用親自回應好友訊息的方式,才能讓加入的人感受到即時互動。

步驟 2 ────────────────────────────────

而且，如果你需要和某些顧客一對一討論，這時候也要啟用〔聊天模式〕，才能對顧客發送一對一的訊息討論。

> **NOTE** 別忘了，發送群發訊息要費用，但是和好友直接〔聊天〕，傳再多訊息都是沒有費用的。

步驟 3 ────────────────────────────────

接著，進入主畫面中的〔聊天〕這個頁面，找到左方的〔齒輪設定〕按鈕，開始進行聊天的相關設定。

步驟 4

聊天設定中，最最重要的是〔回應時間〕設定，也可以將其理解為：「管理員可以處理來訊的客服時間」，所以請在這邊設定好，讓顧客如果在營業時間外傳訊過來，會收到要稍後才會獲得答覆的通知。

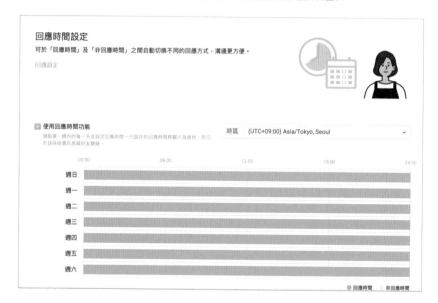

設計比官方更有效的邀請好友
與追蹤工具

建立了 LINE 官方帳號，一開始的策略，當然是要先讓顧客加入為好友。如果是實體店家，可能會在顧客到店時，透過活動請顧客掃描 QR Code，加入店家的 LINE 官方帳號。如果是品牌、線上服務，可能會在網站上放加入好友的超連結。

那麼，要在哪裡獲得〔邀請加入好友〕的連結呢？

獲得加入 LINE 官方帳號好友的連結

打開 LINE 館方帳號管理畫面，在〔主頁〕中，左方選單最下方的〔增加好友人數〕，就可以看到你的帳號專屬的「加入好友網址」。其他人點擊這個網址，就可以加入你的 LINE 官方帳號。

甚至在這個地方，LINE 也已經製作了一個用手機掃描就可加入好友的 QR Code 圖檔。

但是我不建議使用 LINE 提供的這個行動條碼圖檔。

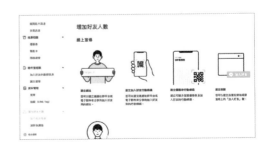

89

為什麼呢？

主要是 LINE 後台的好友統計分析，只能簡單看到每一天加入多少好友？有多少人封鎖你？等等簡單的資訊。

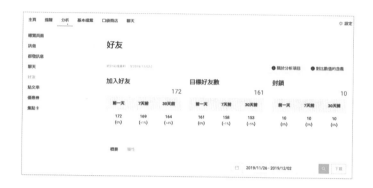

但是通常一個 LINE 官方帳號還會希望知道：「對方透過什麼管道加入好友？」這樣可以評估自己各種推廣活動的成效。

如果使用 LINE 提供的網址、QR Code 來邀請好友，能夠看到一個統整統計，但看不出從哪一個特定 QRCode 或網址而來。

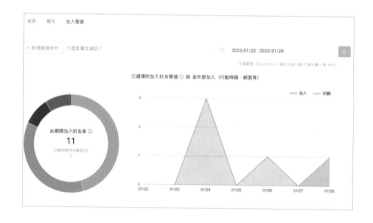

帳號在被加入好友達過了90天以上才遭到封鎖時，將視為來自「其他」管道的封鎖累計次數。

排名	管道	加入好友 / 封鎖 ⑦
1	▦ 由外部加入（行動條碼、網頁等）⑦	▊▊▊▊▊▊▊▊▊▊▊▊▊▊ 5 ▨▨▨▨▨▨▨▨▨ 1
2	▦ LINE Login ⑦	▊▊▊▊▊▊▊▊▊▊▊ 4 0
3	▇ 加入好友圖示 ⑦	▊▊▊▊ 1 0
4	▇ 聊天室中的按鈕 ⑦	▊▊▊▊ 1 0
5	▦ 其他 ⑦	0 ▨▨▨▨▨▨▨▨▨▨▨ 4

使用特殊短網址工具邀請好友

如果你的 LINE 官方帳號很單純，直接使用官方工具沒問題。

但是如果你在客戶掃描 QR Code、點擊網址後，還想追蹤每一個推廣活動的成效，例如：

➕ 這些好友來自於什麼地方？

➕ 各種推廣活動的效果？

➕ 好友對訊息內不同資訊的點擊率？

所以我會建議你另外使用短網址工具，加上自己的設定，就可以變成更有效的好友來源統計工具。

這邊要推薦大家使用的短網址工具叫做：「Lihi.io」，網站為：「https://lihi.io」。

為不同好友來源自動設計不同 QR Code

利用「Lihi.io」，我們先來解決第一個問題。假設一個實體店家，會從幾種管道來邀請 LINE 官方帳號好友：

➕ 店面的結帳櫃台，有個邀請牌子。

➕ 用餐結束時，顧客意見表上。

➕ 某次舉辦加入好友就送甜點活動。

➕ 附近街道發送傳單。

➕ 在美食展、餐飲展發送的傳單。

並且這個店家，想要知道上面各種邀請好友的方法，哪些最有效？或是分析好友來自各種管道的數量？

這時候，我們可以利用「Lihi.io」，為一個 LINE 官方帳號的邀請好友網址，快速設計出多個不同的 QR Code，只要在不同管道放上專屬 QR Code，最後就可以在「Lihi.io」的後台追蹤好友的來源比例了！

步驟 1

先註冊一個「Lihi.io」帳號，進入〔短網址〕功能，先透過〔新增短網址〕。把我們的 LINE 官方帳號邀請好友連結，轉換成「Lihi.io」專屬的短網址。

步驟 2

新增短網址時,在〔網址 / 電話 /Email〕處,把我們的 LINE 官方帳號加入好友連結,放上即可。

步驟 3

如圖所示,加入好友的原始連結,直接複製貼上。完成後直接按下〔儲存〕即可。

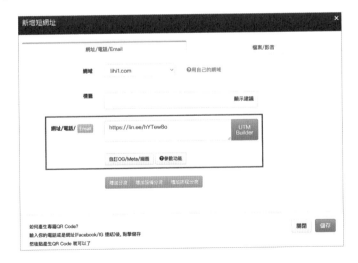

步驟 4

除了轉換成短網址外，如果需要產生 QR Code，可回到步驟 1 的畫面，在已經產生的短網址上方，選擇〔QR Code〕按鈕，就可以立即產生 QR Code 圖檔。如果想要一次產生多組可追蹤不同來源的 QR Code 圖檔，可點擊〔Mass QR Code〕。

步驟 5

在「Mass QR Code」畫面，想要產生幾個 QR Code，就輸入幾個參數即可。參數必須要用英文或數字。你可以這樣設計：

➕ **111**：這是結帳櫃台看板上用的 QR Code。

➕ **222**：這是顧客意見表上的 QR Code。

➕ **333**：這是街頭傳單上的 QR Code。

➕ **abc**：這次某次贈送甜點活動用的 QR Code。

這些 QR Code 都是導向同一個 LINE 官方帳號的邀請好友連結。但「Lihi.io」會幫我們統計，那些來自不同 QR Code 的點擊，也就等於可以統計不同的好友來源了。

設計好參數，選擇〔下載〕，就可以在壓縮檔裡，看到製作好的 QR Code 圖檔囉！

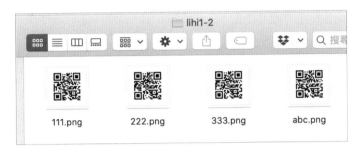

NOTE

如果你是一個全台灣的大品牌，你可以為全台不同據點，設計不同的 QR Code，但都是導向同一個品牌的 LINE 官方帳號。這樣一來，你將可以利用「Lihi.io」得知，那些好友，來自全台灣哪些不同地方的數量比例！

追蹤同一個行銷連結的不同行銷效果

「Lihi.io」的短網址加上「參數」的功能，也可以用在短網址本身。

我們可以在「Lihi.io」產生的短網址後面，直接加上自己的參數，格式是：

/ 英文或數字關鍵字

原則和設定 QR Code 一樣，只要在短網址後用斜線加上英數字關鍵

字。到時候看「Lihi.io」的後台統計分析，就可以看到來自不同參數的點擊數據。

於是你就知道你使用的不同行銷方案、不同貼文、不同來源網站，哪邊對你創造最高的導客流量。

因為就像前面說的，LINE 官方帳號本身的統計，只有全部增加的好友數，卻沒有辦法分析來源。

但「Lihi.io」的後台分析，可以透過參數，來讓我們可以分析不同來源的導入流量，還可以知道使用者使用的一些系統基本資料。

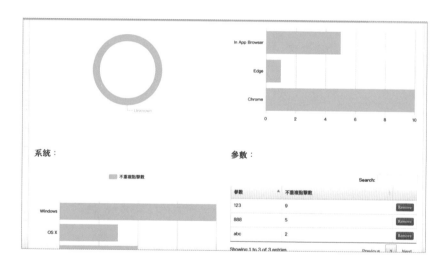

> **NOTE**
>
> 而且這個短網址工具的統計，如果有一個人先點了 A 參數的網址，後來因為其他原因點了 B 參數的網址，這時候這個短網址工具也會只算入第一次點擊的 A 參數來源，同一個人不會重複的計算。

換連結但不用換名片、文宣上 QR Code

而且「Lihi.io」除了可以利用短網址參數、QR Code 參數追蹤不同來源外，還有一個額外的功能可以好好利用。

那就是他可以〔替換原始網址〕，變成新的原始網址後，不需要回頭去修改已經發出去的短網址、QR Code，那些未來點擊、掃描的人，都可以直接導入新網址。

舉個例子，現在很多人喜歡在自己的名片、網站、分享的內容上，加上一個 QR Code，這個 QR Code 可能導向自己目前公司、品牌的 LINE 官方帳號。

那如果有一天，我換公司了、換品牌了，或是任何原因 LINE 官方帳號要更換了，這時候之前已經發出去的名片、傳單、網站文章等是否上面的 QR Code 就失去意義了呢？

不一定，如果使用「Lihi.io」，就可以這樣做。

步驟 1

在已經製作好的短網址上，直接點擊右方的〔修改〕。

步驟 2 ───────────────────────────────

直接把新的原始網址,貼上去,重新儲存即可。這時候,「Lihi.io」產生的短網址、QR Code 都不用改變、不會改變,只是可以導向不同的新網站而已!

　　好了,現在我們設計好了邀請好友的工具,最後就是把邀請發送出去,無論是短網址,還是 QR Code,你可以放在哪些地方呢?

➕ 店家的門面。

➕ 店家的文宣、傳單、菜單。

➕ 先邀請你的 LINE 好友來加入。

➕ 在自己的 Facebook 先分享。

　　第一步邀請好友,不一定要多,如果能夠先匯集 50~100 個好友,那麼接下來想要宣傳、擴散什麼訊息,也才有一個立基點。

如何為聊天好友加上辨別標籤？

在 LINE 官方帳號 2.0 中，群發訊息是要付費的功能，雖然可以方便的「廣傳」訊息給所有（或部分）好友，但每則訊息費用累積下來，往往也是一筆很大的行銷預算。

但是在 LINE 官方帳號中，也有一種方式是「顧客」直接傳訊息給你的官方帳號，可能是詢問問題、了解資訊。這樣的對話，無論彼此之間傳送多少訊息，都是免費的。這其實也可以當作一種免費經營顧客的方式。

我有見過一個例子，那是一家花店，跟老闆買花、買盆栽後，老闆會邀請你加入他們的 LINE 官方帳號，老闆說他們不太會發送行銷訊息，而是你加入他們的 LINE 官方帳號後，如果養花、養植物遇到問題，可以「傳訊息問他們」。這種由顧客主動傳訊息問店家，其實也可以是一種 LINE 官方帳號的利用方式。

而在這種方式下，不僅顧客找得到服務，而且店家甚至不需要付任何費用。

這就是 LINE 官方帳號中的「聊天」功能，你可以將它當成一種「客服管道」，鼓勵顧客直接透過聊天來主動：

➕ 問妳問題

➕ 詢問產品使用方式

➕ 詢問進一步的各種資訊

如果能夠在聊天功能中，把客服最好，鼓勵顧客多利用聊天直接接觸你，其實也可以是一個有效的經營顧客方式，而且免費。

這也是為什麼前面在做基本設定時，我會優先請大家關閉聊天機器人，切換到自己可以跟顧客聊天通訊的原因。

可以在聊天時為好友加上「標籤」

如果你的 LINE 官方帳號的聊天客服經營得很好，很多顧客會透過「LINE Chat」直接傳訊息跟你互動，這時候裡面的訊息量可能變得很龐大。

那麼，就像客服系統通常可以過濾顧客一樣，LINE Chat 可以過濾跟你通訊的名單，讓你更了解你的顧客嗎？

這時候，可以利用在聊天時為好友加上「標籤」的功能。

步驟 1

在 LINE 官方帳號的〔聊天〕頁面，當有好
友傳訊息給你時，右方除了可以看到好友
名稱，也可以看到〔新增標籤〕的選項。

步驟 2

這時候我們可以點擊
〔新增標籤〕，然後
把想要為顧客設定的
關鍵字加入。這樣一
來，在聊天畫面就可
以為顧客進行分類。

NOTE 為聊天顧客設定標籤，每一個顧客最多只能設定 10
組標籤。

NOTE 在聊天畫面為顧客加上標籤後，目前（寫於 2020
年 2 月）這個標籤，還不能體現到「群發訊息」時
的分眾功能上，這是有點可惜的。但或許我們可以期
待，未來群發訊息可以用自己設定的標籤做過濾，就
能達到更有效的分眾行銷。

過濾出特定標籤的顧客

步驟 1

有了標籤分類後,當我們在聊天畫面,可以利用左上方的〔搜尋〕功能,
直接用標籤過濾。

步驟 2

這樣一來,就能立刻過濾出某一類的顧客,開始跟他們傳訊。例如,我
將上過我的課程的同學設定了〔學生〕的標籤,於是我可以一次過濾出
所有學生,然後回答他們練習時的各種提問。

群發訊息如何設定
分眾篩選過濾？

LINE 即時通行銷雖然直接而便捷，在 LINE 使用普及度很高的台灣，容易吸引到粉絲、顧客、好友，傳訊息的時候也能直達對方的即時通。

但是，因為費用方案的改變，如果還像是以前一樣，每一次發訊息都是直接傳送給「所有好友」，這樣一來反而有幾個缺點：

➕ 不是每則訊息都是所有好友需要的。
  ▶ 訊息傳到不需要的人手上，只會讓他封鎖你的帳號。

➕ 每次都把訊息傳遞給所有人，表示訊息的數量會大幅增加。
  ▶ 這樣無論什麼費用方案，都要付上高額的訊息費。

所以如果你想用最「省錢」，但是又能更精準地提高收到訊息者的「導購數量」，那麼就要知道什麼訊息應該傳給什麼人。

問題就在於，我要如何知道自己 LINE 官方帳號裡，好友的不同屬性，可不可以為他們做分類，然後透過分類來分眾群發訊息呢？

搞懂 LINE 群發訊息數量限制

LINE 官方帳號最主要的費用，來自於訊息的數量。

在主要的傳送訊息功能：「群發訊息」裡面，一開始免費帳號每個月可以發 500 則的群發訊息。

但 500 則的群發訊息，「不是」可以發 500 次宣傳的意思。

而是這樣計算的，先看你有多少個有效好友，假設你現在有 10 個好友，一次群發都要發給這 10 個好友，那麼每次就要用掉 10 則訊息數量額度。那麼，換算一下，其實就是你可以發送 50 次給全部好友的宣傳。

所以當你的粉絲超過 1000 人的時候，用 LINE 官方帳號的免費帳號（輕用量），想要做一次發送給所有好友的群發訊息，是沒辦法發送出去的。因為，輕用量只有 500 則訊息的限制，一次要發送給 1000 個好友，就是需要 1000 則訊息的額度。

當然，你可以反過來操作，你可以限制，只把訊息發給 1000 個好友中的 500 個真正的「目標客群」，那麼就算是免費帳號，也可以每個月發送一次給 500 個目標客群的群發訊息。

從這裡你也就可以更具體知道，要用好 LINE 官方帳號，就要在群發訊息時：

≡

**不要每次都是發送給所有好友，
而是要能聚焦在
只發送給真正的目標客群上。**

要有效群發訊息，先累積好友到 100 人

如何開始建立有效分眾的群發訊息呢？

第一步，你要先將 LINE 官方帳號的好友，累積到 100 個好友以上。

因為在你的粉絲超過 100 個人的時候，你就可以用過濾功能：

➕ 自動過濾出每則訊息要發給哪種類型粉絲

➕ 或者手動去進行粉絲的勾選

➕ 建立你專屬的受眾分類名單

再說一次，群發訊息不是亂發廣告，第一步，總要先過濾出訊息要發給哪些人，不一定要發給所有的粉絲。

所以，先把粉絲累積到 100 個人以上，讓你的 LINE 官方帳號擁有完整的分眾發訊息功能。

而要累積粉絲到 100 個人，其實並不難，你可以試試看下面作法：

➕ 先邀請老顧客加入。

➕ 邀請你跟產品、服務有關的朋友加入。

➕ 讓來店的顧客透過活動加入。

如何開始群發訊息？

那麼，我們就來看看如何開始群發訊息吧！

步驟 1

首先打開 Line 官方帳號的「主頁」畫面，在「群發訊息」的功能裡面，可以在訊息一覽。看到之前發送過的所有群發訊息。而在建立新訊息的地方，就可以開始建立你的新一則群發訊息了。

步驟 2

在建立一則群發訊息的時候，左方是訊息內容的編輯畫面，右方可以看到你目前設計的訊息預覽圖。你可以看到，群發訊息預設的傳送對象是〔所有好友〕，這就是一次把訊息發送給所有粉絲，如果粉絲有 1000人，就是發送 1000 則訊息數量的意思。

步驟 3

所以建議群發訊息的時候，把傳送對象切換為〔篩選目標〕（需要好友數達到 100 人才能使用）。

這時候，你將會在下方看到新增了兩個選項：〔受眾〕、〔依屬性篩選〕，我們下面一一解釋。

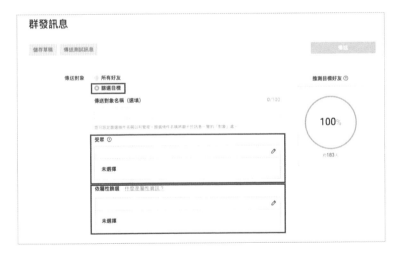

如何新增訊息受眾的篩選條件

所謂的「依屬性篩選」，主要是針對你的 LINE 官方帳號好友的「類型」，有幾個 LINE 預設好的分類，可以讓你直接選擇這些類型分類，來發送訊息給特定的人。

LINE 群發訊息時，可以過濾的篩選屬性有 5 種：

➕ 加入好友的時間。

➕ 性別。

➕ 年齡。

➕ 作業系統。

➕ 地區。

其實，這些「篩選條件」屬性如果從行銷的角度來看，不算是非常專業聚焦的屬性。只能算是讓我們起碼不要發送給完全不適合客群訊息的過濾功能而已。

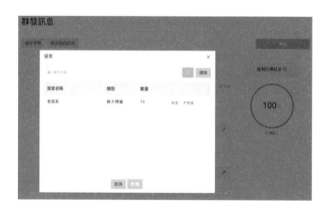

步驟 1 ————————————————————————

選擇〔新增篩選條件〕，就會出現如圖視窗，我們可以用選單選擇想要的預設篩選條件。第一種是〔加入好友時間〕，區分成 6 天內，或是到 365 天以上。

我們可以這樣利用：

➕ 6 天內：發送品牌介紹，給那些剛剛加入的新朋友。

➕ 7 天～ 29 天：發送核心產品訊息，給那些已經加入快一個月的朋友。

➕ 30 天～ 89 天：發送產品進一步優惠，給那些已經加入一到三個月的朋友。

➕ 365 天以上：發送超值的 VIP 優惠，給那些加入超過一年以上的朋友。

　當然，這是我的設想，實際上每個天數如何定義，還是要看你的產品性質而定。

步驟 2

第二種篩選條件，則是男性或女性，如果你的產品、訊息有特定的性別導向，就可以使用這個特殊的過濾功能。

步驟 3

第三種篩選條件是「年齡」，如果你要舉辦的一個促銷活動、要推廣的產品，有特定的使用年齡層，就可以用這邊來過濾，只發送給特定年齡層的人。

步驟 4

第四種篩選條件，則是根據使用不同手機系統的人，發送適合的訊息。

步驟 5

第五種過濾條件是「地區」。例如你的客戶都集中在北部，那麼你可以設定中南部的粉絲不要發送訊息。也就是指勾選北部範圍的縣市發送。

NOTE 因為對方加入你的 LINE 官方帳號好友時，有可能是透過網路推廣，所以南部朋友也加入了北部店家的帳號。但實際上會來北部店家消費的是北部的好友，這時候就可以進行過濾。

萬不得已的最後分眾手段

群發訊息的分眾很重要,但如果前面的篩選條件都不符合你的需求,要怎麼分眾?

有一個很好的辦法,是利用下一篇章要介紹的「受眾名單」。

另外也有一個萬不得已的辦法的辦法,就是在〔群發訊息〕編輯頁面的下方,在〔進階設定〕處可以勾選〔指定群發訊息則數的上限〕。

勾選這個項目後,可以在下方輸入數字,來指定這則訊息只會發送給多少人。

例如我有好友 5000 人,我在這邊指定群發訊息只發送給 1000 人。這時候,LINE 就會自動隨機的發送訊息給你好友中的 1000 個人。

這樣一來,雖然不是明確的分眾,但也達到我們節省訊息費用的需求。

一定要為群發訊息建立受眾名單

前面提到了群發訊息時很重要的「分眾過濾」，而分眾過濾時最重要的一個功能，是這裡要介紹的「受眾名單」。

也就是在群發訊息選擇〔篩選目標〕時，可以選擇的〔新增受眾〕。

可以設定哪些受眾名單？

「受眾」，可以根據每一個 LINE 官方帳號，自訂更明確的分眾名單。主要有幾種用途：

➕ 上傳用戶 ID 名單：

▶ 可以準確的發送訊息給這些指定的用戶。

▶ 不過如何獲得用戶 ID，這可能需要結合 LINE 官方帳號的 API 服務，才有辦法蒐集到 ID。

➕ 針對點擊過前面訊息的顧客再行銷：

▶ 過去 60 天有發過的內容中，哪些人有點過哪個內容裡的連結，可以單獨把這群人儲存為受眾。

▶ 儲存下來命名，可以成為一組特定的受眾名單。

▶ 當我未來建立新訊息，可以從篩選目標來新增這批受眾，進行再一次導購。

➕ 針對曝光過訊息的人再行銷：

▸ 單純有看過某則之前訊息的好友，也可以建立一個受眾名單。

▸ 可以針對已經看過前一則訊息的人，推送下一階段的訊息。

可以看到，如果能夠善用「受眾功能」，我們就可以建立更精準的群發訊息分眾效果了。所以我才說，這是一定要建立的。

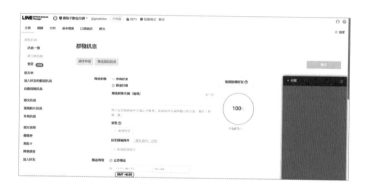

如何建立受眾名單？

步驟 1

在群發訊息中，如果直接選擇〔新增受眾〕，因為之前我們尚未建立受眾名單，所以這裡看起來是空的。

我們可以來到資料管理的〔受眾〕分頁,在這裡可以〔建立〕各式各樣
的受眾名單。之後就可以在群發訊息的篩選目標中選擇了。

如何上傳用戶 ID 建立受眾名單

如果要上傳用戶 ID 名單,可以在「受眾類型」選擇〔用戶 ID 上傳〕。

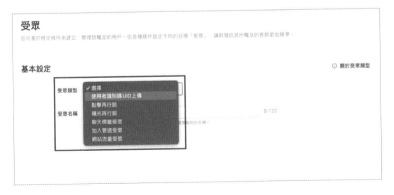

步驟 2

接著在「受眾名稱」中，自訂一個說明這份名單用途的名稱。名稱可以自己決定，主要讓自己看得懂這群受眾有什麼不同，以後才知道怎麼選擇。

步驟 3

接著在目標設定處，選擇〔選擇檔案〕，把擁有用戶 ID 的文件檔案，上傳即可。

如何設定點擊再行銷受眾名單

步驟 1

另一種受眾類型,是〔點擊再行銷〕,選擇類型,自訂受眾名稱。

接著可以在下方的清單,看到最近 60 天發送過的訊息,以及他們的曝光人數。所謂的「點擊再行銷」,就是針對在這些訊息中有點擊過訊息內網址連結的人,進行再一次的行銷。

NOTE 試想看看,願意打開訊息,還願意更進一步點擊連結,表示他真的對某個產品有興趣,這時候就可以針對這個產品,再一次對她做推廣。

步驟 2

我們可以選擇一則目標訊息,按下右方〔選擇〕,就會打開如圖視窗,顯示出這則訊息內的所有連結,以及連結的點擊次數。

假設我現在想要推廣我的課程，而圖中第三個網址是我的課程連結，有 44 個人點擊，我就可以針對這條課程的連結右方進行〔選擇〕。

步驟 3

於是，我就建立了一個針對〔點擊過我課程連結的人〕的受眾名單了！以後我要再次行銷課程，我就可以指定發送給這些〔點擊過我課程連結的人〕。

如何設定曝光再行銷受眾名單

步驟 1

另外還有一種受眾，就是單純曝光過的人，針對〔曝光再行銷〕。

同樣的，先選擇受眾類型，接著自訂受眾名稱。

步驟 2

同樣的，下方會出現最近發送過的訊息，如果想要針對看過某則訊息的人再次行銷，就在該則訊息右方點擊〔選擇〕。

步驟 3

這是 LINE 官方帳號一定要使用的功能，幫助你推送訊息時可以一步一步過濾，就像是一個行銷漏斗那樣：

- ➕ 先發送給某一大群好友。

- ➕ 進一步對看過的人推廣。

- ➕ 再進一步對點過某個特殊連結的人提供誘因。

- ➕ 最後完成購買或轉換。

關鍵就是，我們要記得隨時回到〔受眾〕進行管理，發送訊息後，來到受眾建立看過、點擊過的人的名單，那麼我們就能慢慢擁有一個有效的受眾管理系統，下次發送訊息也可以更精準有效。

而更精準的訊息發送，也就代表更低的訊息費用，但是更高的成交量與轉換率。

群發訊息的內容設定技巧

要發送什麼內容,這要看你要宣傳的產品、活動,或是品牌故事是什麼,以及你想要觸及什麼樣的客群。這裡面當然有很多文案的眉角,不過我們這本書不是以文案為主的書,所以沒辦法做深入的討論。

發送內容的另外一個重點,則是「即時通行銷時的人味」,如何讓訊息有人味,也就是如何讓你的 LINE 官方帳號看起來像是一個可以互動的人,這是 LINE 行銷的核心精神。這部分,我們則在本身開頭、結尾章節,都有做過深入討論。

而群發訊息的另外一個重點,就是你是否徹底搞懂 LINE 官方帳號群發訊息的「規則」與「功能細節」,有沒有不小心搞錯策略,結果發送了有問題的,或是不符合效益的訊息。

接下來這部分,我們就是希望能帶領你搞懂,LINE 官方帳號群發訊息的「規則」與「功能細節」。

一則訊息其實可以有三個對話框

LINE 官方帳號所謂的「一則訊息」,跟 Facebook 的一則貼文不太一樣。

大家都知道在 LINE 即時通裡面聊天時,對方問一個問題,會傳來一

個對話框，我回一個 OK，也是傳出一個對話框，一來一往，就會立即
看到好幾個對話框依序出現在畫面上。

≡

而 LINE 官方帳號定義「一則訊息」的方式，是可以「一次發送」最多「三個對話框」。

所以當你打開 LINE 官方帳號頁面的〔群發訊息〕，建立新訊息時，
下方的內容編輯畫面，就是用一個一個對話框的方式來設計。

不過，當你建立新的群發訊息時，LINE 預設只會出現一個對話框，這
時候千萬不要以為只能輸入一段內容。我們可以透過下方的〔新增〕按
鈕，最多新增到三個對話框，在一則訊息內發送三個不同內容。就像是
LINE 聊天室裡面的 3 個對話框一樣的意思。

LINE 官方帳號的訊息費用寸土寸金，千萬不要浪費了可以一次發送三
個對話框的訊息設定。

每個對話框可以選擇圖文、影音、表情貼內容

LINE 官方帳號的訊息不是只能單調的文字，還可以搭配很多有趣的圖文影音，甚至是表情貼。

在群發訊息的內容編輯器中，可以選擇文字、圖片、影片、聲音，或者是表情貼，張貼到內容中。

≡

不過要注意的就是，
一個對話框裡面只能有一種內容形式。

NOTE	內容編輯中，還可以看到像是「優惠券」、「圖文訊息」、「問卷調查」、「多頁訊息」等功能，這幾個功能則是 LINE 行銷的關鍵，也是 LINE 官方帳號可以用得更好的切入點，所以我會在後面用專門的章節一一介紹。

例如我這個對話框裡面選擇用文字，我就不能夠再同個對話框插入表情貼。如果要操作別種形式的內容，那我就要放入第二個對話框。

所以意思就是一次可以用 3 個對話框，來組合發送 3 種不同形式的內容。可能第一個對話框是圖片說明，第二個對話框是影片介紹，地三個對話框是重要的文字文案與連結。

什麼是把訊息張貼至「LINE VOOM」？

簡單來說，就是 LINE 官方帳號中，類似 Facebook 粉絲專頁貼文的塗鴉牆。

關鍵不同在於，LINE 官方帳號的「訊息」會直接傳送到好友粉絲的即時通，保證收到。

但是 LINE VOOM，則是除非好友主動打開你的帳號的貼文串，要不然是不會主動收到的！

而且這個「張貼至 LINE VOOM」的功能還有一個很大的限制，就是每次發訊息只有一個對話框的時候，才可以同步到 LINE VOOM。

超過一個對話框之後，就不能選擇同步到 LINE VOOM 了。

所以，關鍵的思考就是，要不要為了把你發的群發訊息，也同步到貼文串，而限制自己只使用一個對話框呢？從上面一路分析下來，我覺得是不必要的。

發送群發訊息時，最後一則訊息最重要

前面總結了群發訊息時的一些功能細節，在好的文案之外，我想提醒大家一些絕對不能犯的錯誤。

還有一個非常關鍵的重點，也要在發送群發訊息時注意到：

那就是一組訊息的三個對話框中，
最後一個對話框最重要。

為什麼？因為最後一個對話框的開頭內容，將會成為對方在 LINE 聊天列表收到訊息時，看到的預覽內容。如圖所示。

所以這邊我會建議，一定要好好想想怎麼設計一組訊息裡的「最後一個對話框」：

➕ 最後一則訊息的內容畫面最重要。

➕ 會出現在對方聊天列表上的預覽文字，就是最後一個對話框的標題。

➕ 所以更要好好思考最後一個對話框的開頭文字。

▶ 最好是吸引大家點開來的內容，並且看起來不像廣告。

➕ 也因此，最後一個對話框，最好是文字訊息。

➕ 最後一個對話框，如果用圖片、影片，會在聊天預覽清單上會變成空白。

前面我提供的範例圖，就是善用最後一個對話框的一些好例子，他們在聊天列表上，就會呈現一些吸引人想要點進去看看的資訊。

NOTE

最後一個提醒，編輯完群發訊息內容，接下來可以按預覽圖，看完預覽圖之後，可以先按下儲存草稿。這時候，我建議大家先設定成把草稿傳給自己，從自己的 LINE 上面，看一下這樣的訊息到底有沒有什麼問題，有沒有什麼需要修改的地方，不要糊裡糊塗的傳送出去就來不及修改（而且也已經花下訊息費用了）！

3-11

加入好友後的歡迎訊息
非常關鍵！

前面針對 LINE 官方帳號的基本帳號設定、群發訊息規則與技巧，做了一番初步解說，先讓大家有一個相對全面的了解後。是不是我們就可以趕快進行 LINE 官方帳號的推廣，邀請顧客加入我們的 LINE 呢？

先等一下，還有一個關鍵的設定，最好在全面邀請好友之前，就先設計好「加入好友的歡迎訊息」。

雖然 LINE 官方帳號一開始就提供了一個預設的歡迎信息，不過，他預設的訊息寫得並不夠好，甚至裡面只有一個教對方怎麼關閉通知的教學，這不是反而違反 LINE 官方帳號希望好友能夠跟我們緊密互動的行銷原則嗎？

你的歡迎訊息，只有被看到一次的機會

LINE 官方帳號的歡迎訊息，其實是一個很重要的行銷步驟，他有兩大
特點：

⊕ 加入好友的人，只有一次機會看到這個歡迎訊息。

  ▶ 如果你沒有好好設計，就浪費了這唯一一次的機會。

⊕ 通常這會是加入好友的人，一定會看的一次訊息。

  ▶ 我們後續發的訊息，對方不一定會打開。

  ▶ 但是歡迎訊息，在加入好友的當下，通常打開的機率最高。

≡

> *如何在這唯一一次，*
> *但有機會都會被看到的歡迎訊息中，*
> *把對方留下來繼續互動？*
> *就是 LINE 官方帳號的關鍵行銷手段。*

撰寫 LINE 官方帳號歡迎訊息的七個重點

因為對方加入我們的 LINE 官方帳號好友，只會有一次機會可以看到的歡迎訊息，這個瞬間，關乎我們有沒有辦法有效的留下這個客戶，並且讓他對我們產生印象。

從這樣的行銷原則出發，我們的歡迎訊息應該把握幾個重點。

💬 第一個重點：精准又清楚的簡介

其中一個對話框，最好能夠有一段是關於我的品牌、公司、服務的簡介，但最好不要超過 30 個字，能夠在 30 個字內，清楚精准的描述自己就好。主要因為手機的畫面有限，如果一個對話框的內容太長，大家手機上往往一個視窗看不完，也可能就不會想把它看完了！所以，一個對話框，30~50 個字就好了。

💬 第二個重點：有人味的問候語

在撰寫歡迎訊息時，最好是有一個模擬小編的角色，不是那麼像公司的角色，在訊息裡面跟大家問好，如果你用公司的角度來發官方訊息，感覺看起來沒有人味，那就很難跟客戶產生連接。

💬 第三個重點：給粉絲一個留下這個帳號的理由

什麼是給用戶一個留下這個帳號的理由呢？例如，已加入這個官方帳號之後，接下來可能會陸陸續續得到什麼樣的好處。比如我們每個禮拜可能會給你全新的優惠卷，或者說將來有任何客服的問題都可以透過這個官方帳號來進行解決。

一定要給粉絲一個或幾個很清楚的理由（好處），可以條列出來，讓他絕對不會封鎖這個帳號。

第四個重點：明確說明客服時間

如果你的 LINE 官方帳號有開通一對一聊天的功能，那麼把你的 LINE 官方帳號會有線上客服的準確時間，具體的描述出來，比如說每天早上 9 點到下午 5 點，會有專人到線上解答你的問題。這樣可以讓對方一開始就知道，什麼時候可以直接跟你互動，問問題？或是買東西？

> **NOTE**
>
> 說到這邊，你可能開始有疑惑，這麼多重點內容，怎麼擠入對話框，前面不是還限制說要用 30~50 個字嗎？ LINE 的歡迎訊息跟群發訊息一樣，一次可以組合多個對話框，而且歡迎訊息最特別，可以一次組合「五個對話框」！所以你可以把每個重點濃縮後，利用五個對話框組合呈現。

第五個重點：說明關鍵字自動回覆

如果你的 LINE 官方帳號，打算設計「關鍵字自動答覆」的功能，例如對方輸入「1」，就會提供我們餐廳的最新菜單。

那麼你應該在開始邀請好友前，先把基本的關鍵字自動答覆設定好（後面篇章，會教大家如何設計），而設定好關鍵字自動答覆內容後，我們就可以在歡迎訊息，直接告訴粉絲可以運用哪些固定的關鍵字來獲得我們的預設功能。

這樣做的好處是，很多好友可能在看到歡迎訊息的第一時間，就會想

要試試看自動答覆，他們就會去試試看輸入什麼關鍵字，會不會獲得你的答覆的效果。而這時後，他們已經跟我們的 LINE 官方帳號，產生了更深一層的互動，有利於之後留下來繼續互動。

💬 第六個重點：引導用戶去看 LINE VOOM

前面提到，LINE 官方帳號的〔LINE VOOM〕本身，很能主動被用戶觸及。但因為貼文串的貼文是免費的，並且內容用一直保留，所以可以當作公告板、資訊園地來使用。但重點就是，你如何引導自己的顧客，去查看你的貼文串？

如果你真的有固定在更新 LINE 官方帳號的貼文串，你就可以在歡迎訊息裡面，提示他去點擊 LINE 的右上角選單，回顧我們這個官方帳號過去曾經發佈過的好文，或者曾經發佈過的特殊優惠訊息。

這樣我們在歡迎訊息的介紹就可以更精簡，利用引導對方去打開貼文串，來查看我們帳號最新的活動與動態。

💬 第七個重點：引導他打開官網

如果你有一些其他的官方網址，或是重要產品往頁，還是重要活動頁面，可以在歡迎訊息提供超連結，一起提供對方，吸引對方開啟。

> **NOTE**
> 我們後面還會提到的〔優惠券〕、〔圖文訊息〕、〔多頁訊息〕等內容格式，也可以設計在歡迎訊息裡。所以除了把握上述重點，等到後面學會更多訊息設計後，你可以看看如何整合到歡迎訊息的三個對話框中。

在歡迎訊息，設定對方的名稱

歡迎詞裡面有個特殊功能叫做「好友顯示名稱」，這是一個很重要的設定。

當你勾選這個選項，那麼當在好友的即時通上出現顯示歡迎詞的時候，會優先帶入那個使用者的真實名稱（LINE 名稱），這樣看起來，會讓你的 LINE 官方帳號更加客製化一點，好像是你特別傳訊給對方一樣。

步驟 1

在想要加入對方名稱的
那個歡迎訊息的對話
框，選擇〔好友的顯示
名稱〕，就能插入一個
〔Nickname〕的標籤。

步驟 2

讓每一個好友收到歡迎訊息，這個對話框的開
頭，就會顯示對方的真正名稱了！看起來就像
在跟對方直接說話一樣。

歡迎訊息的五個對話框利用

歡迎訊息很特別，前面提到，好友只有一次看到他的機會，但通常歡迎訊息是每個加入好友的人，一定會看的一則訊息。

而且歡迎訊息可以組合五個對話框，如何在這樣的組合中，完成留住顧客的動作，值得我們好好利用。

還有一個最後的技巧要提醒大家。

雖然歡迎詞可以組合五個對話框，但如何排列這五個對話框的順序呢？，

當你用了 5 個對話框，這表示一次歡迎訊息的長度，絕對超過對方的手機畫面高度，所以對方一定要捲動才能查看。而以一般人的習慣來說，如果他不想一則一則看，通常會直接捲動到最下面一則，或是直接去看最後面幾則。

所以，歡迎訊息的對話框組合次序：

≡

歡迎訊息裡，最下面的對話框，最重要。

下面的對話框，會在使用者的那個畫面上停留得更久，你應該把最重要的訊息放在比較下面的對話框，因為被好友看到、仔細看的機會更大。

3-12

設定自動回訊的快速上手教學

在 LINE 官方帳號的後台主頁,有一個「自動回應訊息」的功能設定,這就是前面提到的關鍵字自動答覆。

「自動回應訊息」的意思,就是當你的 LINE 官方帳號好友傳訊息給你時,如果你沒有在線上(意思是你沒有開啟一對一手動聊天的時間),會自動回傳什麼訊息給對方。

可以設定成對方丟任何訊息到官方帳號,LINE 官方帳號都自動回訊一個統一的回答,裡面會告訴他目前不是營業、客服時間,以及什麼時候會有人一對一上線跟你應答。

另外,「自動回應訊息」也可以設定關鍵字,當對方的訊息裡面,出現你指定的關鍵字,就會進行某些特殊的自動答覆。例如對方問:「地址」,就會自動回應店家的地址與電話。

透過「自動回應訊息」,可以讓你的 LINE 官方帳號的聊天功能更好用,並且隨時隨地都可以有一些答覆,吸引客戶更願意透過聊天功能跟你主動溝通。

讓我來統整幾個「自動回應訊息」的重點:

➕ 聊天功能,是 LINE 官方帳號中可以免費和客戶互動傳訊的好工具。

- 開啟手動聊天，設定營業時間，讓客戶在這段時間可以在線上和你一對一即時互動。

- 但是當無法手動聊天時，可以用自動回應訊息，提供客戶自動答覆。

- 設計自動回應訊息，讓「非營業時間」，客戶傳訊給你時，也可以收到進一步的回饋。

- 為自動回應訊息設計「關鍵字」，讓客戶只要輸入關鍵字，就能獲得特殊回答。

設定手動聊天、自動回應時間

　　什麼時候適合手動聊天？什麼時候要自動回應訊息呢？我們可以先在 LINE 官方帳號的後台，做一個統一設定。

步驟 1 ──

我們可以到 LINE 官方帳號後台的〔設定〕中，選擇〔回應設定〕。可以先把回應功能切換為〔聊天〕。

步驟 2

然後下方的〔聊天的回應方式〕，設定〔回應時間〕。所謂的回應時間，就是這時候可以進行真人一對一客服的「手動聊天」或是選擇「手動聊天＋自動回應訊息」、「手動聊天＋ AI 自動回應訊息」、「手動聊天＋自動回應訊息＋ AI 自動回應訊息」其中一種模式，而「非回應時間」就會切換為「自動回應訊息」、「AI 自動回應訊息」、「自動回應訊息＋ AI 自動回應訊息」其中一種模式。

步驟 3

如果你想要隨時隨地都使用自動回訊，那麼可以在〔回應設定〕的基本設定中，切換回〔自動回應訊息〕模式。

如何設計有效的自動回訊

自動回訊的進階應用，我會在下一篇文章跟大家分享。這裡我們先看看最基本的自動回應訊息操作方式。

步驟 1
─────────────────────────────────────

進入主頁的「自動回應訊息」，點擊右方的綠色〔建立〕，開始建立你的自動回應訊息。

步驟 2

在自動回應訊息的編輯畫面,可以看到幾個欄位:

➕ 標題:自由輸入,讓自己知道這個自動回訊的用途即可。

➕ 狀態:這則自動回訊目前是否有作用。

➕ 指定日期或時間:這則訊息什麼時候才會自動答覆,例如有時候
是特殊期間的優惠活動。

➕ 關鍵字:好友輸入什麼關鍵字,會啟動自動答覆。

➕ 內容編輯:自動回訊的實際內容。

自動回應訊息

若在此事先建立回應內容,當用戶傳訊息給您目符合設定條件時,系統將會自動回傳訊息。

刪除

標題	輸入標題
	0/20

狀態　◉ 開啟
　　　　⊕ 關閉

指定日期或時間　☐ 指定日期或時間

YYYY/MM/DD	~	YYYY/MM/DD
HH:mm	~	HH:mm

(每天)

時區 : (UTC+08.00) Asia/Taipei, Singapore ⬍

關鍵字　☐ 設定關鍵字

輸入關鍵字　　　　　　　　　　　　　　　新增

輸入關鍵字後,請按Enter鍵或點選畫面上的「新增」鍵以完成設定。
關鍵字的字數上限為30個字。

💬 ☺ 🖼 ▥ 🎁 📅 🎞 ▶ 🎤 📋 ⊘　　　∧ ∨ ✕

如果不設定關鍵字,就表示無論對方輸入什麼訊息,只要不符合其他自動回訊的關鍵字,就會自動出現這一則自動回應訊息。

通常這時候,這則訊息的內容會是告知對方,目前不在我的營業時間,或是提供店家簡單的介紹。

在自動回應訊息的內容編輯上,也跟群發訊息一樣可以新增多個對話框。而且自動回應訊息,可以一次設定「五個對話框」。也就是我可以透過自動回訊,回答非常豐富的內容。

另外自動回應訊息時,除了一般的文字訊息回答,也可以提供優惠券,設計多頁訊息、圖文訊息等,後面我會講到這些特殊的內容訊息格式。

如果要設計關鍵字,就可以勾選〔設定關鍵字〕,然後把關鍵字輸入。

假設這是一則公司聯絡方式的自動回訊,我可以把關鍵字設定為:

- 1
- 諮詢
- 聯絡我們

這個意思就是,當非營業時間,或是開啟自動回訊時間,客戶要查詢我們公司聯絡方式,只要輸入「1」,就會自動收到完整的公司聯絡方式答覆。

或者客戶在來訊提到「諮詢」關鍵字,也會自動回傳公司聯絡方式給對方。

關鍵字　☑ 設定關鍵字

1 ×　諮詢 ×　聯絡我們 ×　　　　新增

輸入關鍵字後，請按Enter鍵或點選畫面上的「新增」鍵以完成設定。
關鍵字的字數上限為30個字。

公司電話是：02-22513910
公司地址是：新北市板橋區民生路三段29巷11號7樓
公司網址是：http://www.greatidea.tw

步驟 6 ————————————————————————

我們可以在自動回應訊息的清單中，看到所有設計好的自動回訊，在這
邊可以重新編輯、設計。

標題	關鍵字	內容	指定日期或時間	狀態
三義	已登錄 (2)	Nickname等 三義好棒	永遠	開啟　關閉
1	已登錄 (1)	公司電話是：02-22513910 公司地址是：新北市板橋區民生...	永遠	開啟　關閉
LINE	已登錄 (1)	協助您透過LINE@生活圈，規劃行 銷活動及經營內容，提昇好友數...	永遠	開啟　關閉
FB	已登錄 (1)	協助您經營粉絲團，每日和粉絲互 動，並針對業務內容提供相關資...	永遠	開啟　關閉
2	已登錄 (1)	謝謝你	永遠	開啟　關閉
笑話	已登錄 (2)	圖片	永遠	開啟　關閉
地點	已登錄 (1)	新北板橋區中正路80巷13號5樓	永遠	開啟　關閉

另外在清單中,也可以透過〔狀態〕的開啟或關閉,把某些暫時用不到的自動回訊,或是過期的自動回訊,先關閉。

標題	關鍵字	內容	指定日期或時間	狀態 ‹
三義	已登錄 (2)	Nickname 三義好棒	永遠	開啟 關閉
1	已登錄 (3)	公司電話是:02-22513910 公司地址是:新北市板橋區民生…	永遠	開啟 關閉
LINE	已登錄 (3)	協助您經營LINE@生活圈,規劃行銷活動及經營內容,提昇好友數…	永遠	開啟 關閉
FB	已登錄 (1)	協助您經營愛粉絲團,每日和粉絲互動,並針對業務內容提供相關資…	永遠	開啟 關閉
2	已登錄 (1)	謝謝你	永遠	開啟 關閉
笑話	已登錄 (7)	圖片	永遠	開啟 關閉
地點	已登錄 (1)	新北市板橋區中正路80巷13號5樓	永遠	開啟 關閉
謝謝回應	未登錄	已經收到你的提問 (或參加活動回傳的關鍵詞),不過因為有時我…	永遠	開啟 關閉
綠女上課	已登錄 (2)	Nickname 123	永遠	開啟 關閉
花蓮上課	已登錄 (1)	貼圖	永遠	開啟 關閉

NOTE

當自動回訊設定了關鍵字,想讓客戶輸入特定關鍵字,就可以獲得特定內容。但要注意,客戶通常不知道可以輸入什麼關鍵字?

所以,我建議設計一則「不需關鍵字」的「統一自動回訊」,在這則自動回訊哩,告訴客戶可以用哪些關鍵字,去做進一步的查詢,得到他們要的答案。這樣就不怕客戶搞不清楚可以輸入什麼關鍵字了。

用自動回訊把官方帳號
變成實用工具

透過前面一個篇章，了解「自動回應訊息」的基本操作功能後，這一章節，我想聊聊自動回訊可以做哪些進階利用。

自動回訊，讓官方帳號擁有更完整客服

最簡單的想法，就是把自動回應訊息當作一種「客服功能」。

平常營業時間，例如每週一到五的早上八點到晚上八點，我們可以開啟〔聊天〕的〔手動聊天〕模式，在這個模式下，好友粉絲傳來的訊息，不會出現自動回訊，而是讓經營者（或指派的客服人員）一對一跟顧客聊天討論。這是 LINE 即時通行銷的基本精神。

而到了非營業時間，業主不可能 24 小時全部都有人在線上回答問題（除非是大企業，可以另外指派人力），所以設定非營業時間，例如每天晚上到凌晨，或是週末的時候，〔聊天〕的非營業時間會切換到〔自動回應訊息〕的模式，於是使用者傳訊息來，就會收到自動的答覆。

例如使用者在非營業時間，傳了一則訊息到我們的官方帳號，詢問我們：「可以問問題嗎？」

如果我們有設計好自動答覆，可以先設計一則預設的自動答覆是：「您好，因為目前是非營業時間，您可以等待每天早上八點到晚上九點的營

業時間，線上由專人提供客服問答。或者，您現在可以利用自動答覆功能立即查詢相關資料。請按下 1，可以查詢最新餐點。請按下 2，可以查詢優惠活動。請按下 3，可以進入線上團購表單。」

　　這樣一來，使用者在非營業時間，一樣可以傳訊息到我們的官方帳號，並且能夠透過自動答覆，解決一些基本的客服問題。

≡

LINE 官方帳號不是只能
用付費來傳群發訊息，
能夠免費透過聊天和顧客互動，
更是行銷的關鍵。

所以別忘了設計好這樣的流程：

➕ 在〔回應設定〕中，設計好營業時間、非營業時間。

➕ 營業時間，有專人提供官方帳號的好友即時的客服問答。

➕ 設計好自動回訊的基本訊息。

➕ 設計好自動回訊的關鍵字答覆。

➕ 在非營業時間，利用自動回訊，提供即時客服解答。

這樣一來，你的好友粉絲就會覺得這個 LINE 官方帳號隨時可以找到人，隨時可以獲得答案，而這就建立了你與顧客更緊密的連結。

比起行銷用途，更要讓顧客覺得你是一個工具

很多朋友經營 LINE 官方帳號的思維，都是把它當成發送行銷資訊的管道。但這其實是限制了自己的想像力與影響力。

如果你的 LINE 官方帳號看起來就是只會發送行銷訊息，那麼顧客看久了，也就會膩，也就不想看，於是下一步就是封鎖你的帳號。

而且現在 LINE 官方帳號的訊息費用變貴了，如果你只用來發送行銷訊息，那也表示你要負擔更高額的行銷費用。

可是，LINE 官方帳號的應用，可以有更多想像！

≡

如果要讓顧客認同你，甚至會主動地打開你的 LINE 官方帳號，就要讓自己的帳號變成一種工具。

一個第四台業者的設計案例

你可能會想,把行銷帳號,變成一個實用工具?這是什麼意思呢?

像我看過一個「第四台業者」的案例,他們利用「自動回應訊息」的功能,把自己的「聊天」變成是第四台的「每日電視頻道選擇」工具。

他們把聊天模式一開始就設定為全部都利用自動回訊,接著利用「自動回訊」設計關鍵字,大概像是這樣:

➕ 輸入 0 ,就提供當日頻道清單,以及每個頻道的數字編號。

➕ 輸入數字編號,就提供該頻道的當日節目表與推薦節目。

是不是很簡單的設計。但這樣一來,這個第四台 LINE 帳號的好友粉絲,如果想要看看今天有什麼好看的推薦節目,就可以直接打開這個第四台的 LINE 官方帳號,傳送訊息 0,看到頻道編號後輸入頻道數字,就能看到這個頻道的節目推薦與節目時間。

對於愛看電視的粉絲來說,每天只要用輕鬆輸入數字的方式,就可以查看今日節目表。這就有可能養成一部分人的使用習慣,每天都會打開這個第四台的 LINE 官方帳號來查詢。

這時候,你的 LINE 官方帳號對這些忠實顧客來說,就不是一個行銷帳號,而是一個實用工具。

於是,當這個第四台業者的 LINE 官方帳號真正推送什麼行銷訊息時,平常當作工具來使用的顧客也不會反感,接受度更高,就算有點想要封鎖時,也會思考到這個帳號有工具的用途,而繼續留下來使用。

把自動回訊，變成查詢工具的好處

我們可以為這樣的案例利用，總結幾個好處：

➕ 比起我們發訊息強迫粉絲來看，變成工具，粉絲就會回過頭主動
打開我的帳號。

➕ 如果我的官方帳號，對粉絲來說有工具的用途，那麼反覆使用的
過程，就會建立粉絲的信任。

➕ 而且這樣的自動回訊工具，也確實解決顧客的產品使用需求。

➕ 當建立顧客覺得我們好用、實用、常常用的信任感後，我們發送
的行銷訊息，也會更有效果。

這樣做的好處，就是我讓這個 LINE 官方帳號，每天只要去更新這個
節目表的內容（或者你的產品服務相關薪資訊），這時候對使用者來說，
他加入這個第四台 LINE 官方帳號，就不只是為了要接收資訊，甚至也
不是為了獲得優惠，而是把這個第四台的 LINE 官方帳號當做一個工具
來使用。

一個愛看電視的使用者，每天都必須使用的工具。而且這時候，這個
LINE 官方帳號就變成一個我不用傳訊息給你，你也會想要主動打開的
帳號。

對於 LINE 官方帳號的經營者來說，也不需要太大心力去維護，只要
設計好自動回應訊息的關鍵字，並且定期更新裡面的內容即可。

這樣就可以把 LINE 的官方帳號，變成用關鍵字查詢最新資訊的工具
了！

你會如何舉一反三？案例舉例

你會如何利用自動回應訊息功能，把自己的 LINE 官方帳號聊天功能，變成一個可以讓顧客反覆使用的工具呢？這邊我提供幾個案例，讓大家可以舉一反三，延伸自己的設計思考。

舉例來說，如果你的店家是一家披薩店，你的 LINE 官方帳號如果每天都是在發披薩優惠券的訊息，發久了，客人就覺得你只是一個廣告帳戶。可是如果你可以在一開始的歡迎訊息的設計裡面，就說我們的這個披薩店官方帳號不是一個只會發廣告的帳號，而是一個可以透過關鍵字查詢披薩食譜的帳號呢？比如說你只要進來輸入特殊的披薩名稱關鍵字，我就會給你一個披薩的食譜。或是輸入你的用餐人數，我就會自動推薦你可以點的專屬套餐。

或許你可以這樣設計整個行銷流程：

➕ 顧客來店，邀請他加入你們的 LINE 官方帳號。

　▶ 當然，這時候通常會提供當場用餐的折扣。

➕ 在第一次的歡迎訊息，告知顧客可以利用你的帳號查詢食譜。並簡單說明用法。

➕ 顧客只要在聊天中輸入「披薩名稱」，就會獲得材料配方與食譜。

➕ 也不一定只能建立披薩食譜，如果要讓顧客常常使用，或許可以把整個義式料理都建立食譜。

➕ 所以顧客也可以輸入義大利麵名稱，來獲得義大利麵食譜。

➕ 輸入牛排，獲得牛排料理方法。

➕ 輸入濃湯，獲得濃湯食譜。

➕ 這樣一來，你的這個披薩店官方帳號，就變成一個查詢義式料理食譜的工具了。

　　如果你可以好好利用關鍵字的設計，就可以改變 LINE 官方帳號的使用方式，讓你的帳號不再是發廣告的帳號，而是對使用者來說，查詢他們需要的最新資訊的工具。

≡

這時候，不僅你的粉絲不會封鎖你的帳號，
你還不需要發信息給他，
他就主動打開你的 LINE 官方帳號來看，
這才是一個成功的帳號經營。

這邊也用條列式的方式，快速列舉幾個案例給大家參考。

➕ 博物館，或某次特別展覽的 LINE 官方帳號。

　▶ 加入好友後，歡迎訊息說明可以用「關鍵字」獲得導覽訊息。

　▶ 只要在博物館的 LINE 官方帳號，輸入眼前看到的「展品名稱」，例如恐龍展，輸入眼前看到的恐龍名稱。文物展，輸入眼前看到的文物名稱。

▶ LINE 官方帳號就會自動出現這個展品的詳細歷史、故事導覽介紹。

▶ 而且自動回訊，可以同時結合文字、圖片、影片等多元導覽資訊。

▶ 這樣一來，這個 LINE 官方帳號，就變成一個導覽專用的工具了！

➕ 旅行社，或旅行社某個旅行主題的 LINE 官方帳號。

▶ 加入好友後，歡迎訊息說明可以用「地點」、「景點」關鍵字獲得旅遊資訊。

▶ 跟著旅行團的行程走，每到一個特殊地點，只要輸入該地點關鍵字。

▶ LINE 官方帳號就會出現該地點的詳細介紹。

▶ 透過自動回訊，結合文字、圖片、影片、相關網站，可以利用多個對話框，詳細的呈現這個地點的全面介紹。

▶ 這樣一來，這個 LINE 官方帳號，就變成一個旅行導遊的工具了！

其實，這也是 LINE 官方帳號的關鍵利用技巧，我們應該去思考，如何利用 LINE 官方帳號的特殊功能，讓你的使用者願意每天主動的上來，主動看你的 LINE 官方帳號，而不是你發訊息給對方，強迫對方去看。

圖文訊息,讓多個資訊濃縮在一個對話框

前面在介紹「群發訊息」功能時,你會看到群發訊息的「內容編輯欄位」裡,可以插入一種內容叫做「圖文訊息」。什麼是圖文訊息呢?他可不是一般的文字加上圖片的意思,而是一種「可以在一個對話框,濃縮最多六組圖片資訊連結」的特殊內容形式。

我們必須在 LINE 官方帳號後台的〔主頁〕中,先在〔圖文訊息〕項目做好設計,到時候在群發訊息時,才能使用這種內容格式。

圖文訊息和一般的插入圖片不同,當年訊息發表成圖文訊息的時候,你可以在一個看起來像是「分格海報」的圖文訊息對話框裡面,插入一到六格畫格。你可以設計每一個畫格點擊之後,連接到不同的網頁。

舉例來說,一個餐廳發了一則圖文訊息的對話框,裡面有四個畫格,餐點圖可以打開菜單網頁,地圖圖可以打開地址,餐廳圖可以打開餐廳裝潢的線上相簿,按讚圖可以打開餐廳好評的網頁。

例如這是一個新聞媒體的 LINE 官方帳號,在一個對話框中,他們放了六個畫格,畫格中有新聞預覽圖和標題,點擊每一個畫格,就會打開相應新聞的網頁。

活用圖文訊息，在一則訊息中傳達最完整資訊

回到 LINE 官方帳號 2.0 目前讓許多商家頭痛的費用問題，因為每一則訊息的費用提高了，如果我們要發很多訊息才能傳遞資訊，那麼行銷費用就會更高。

但是 LINE 官方帳號每一則群發訊息，其實可以插入三個對話框，每一個對話框如果插入一個圖文訊息，每個圖文訊息可以放入最多六個圖片連結。

也就是說：

➕ 發一次訊息，裡面有三個對話框。

➕ 每個對話框插入一個圖文訊息。

➕ 每個圖文訊息組合六個圖片資訊連結。

➕ 於是發一次訊息，裡面最多可以包含十八個行動連結。

當然，我不是說，每一次發群發訊息，就是要塞滿 18 個圖片連結，如果這樣做，其實資訊量對粉絲好友來說也太大了。

≡

重點是，如果我們知道有這樣的圖文訊息可以利用，那麼我們可以用更吸睛，更能吸引點擊的方式，把資訊組合在濃縮的訊息中。

例如此圖，是一般的文字訊息一個對話框、照片一個對話框。雖然也不是不好，但照片本身不能點擊到更多資訊網頁，一個對話框裡也不能結合「更多菜色照片」，想一想，確實有點可惜。

但像是另外這張圖，利用圖文訊息，把四則新聞組合在一個對話框，看起來資訊豐富，對某個新聞有興趣的人，只要點擊預覽圖，就能導引他去看新聞網頁，這樣的設計，就更有轉換的效果。

更厲害的是這樣一個案例，看起來一個對話框裡好像是一張完整圖片，但其實也是用好幾格的圖文訊息「拼貼」在一起。於是變成使用者一樣可以點擊圖片中的某個部分，就能導引到更詳細的介紹網頁，這樣的設計又更進一步，可以做為大家活用圖文訊息的參考。

如何設定一則圖文訊息？

步驟 1

說完實際應用的案例，我們來看看如何進行圖文訊息的設計。基本上 LINE 官方帳號的後台，已經提供了讓一般用戶也能快速設計圖文訊息的功能。

首先，在〔主頁〕的〔圖文訊息〕處，可以看到目前建立的圖文訊息清單，這裡的圖文訊息，到時候就可以在〔群發訊息〕時插入使用。

開始建立一則全新的圖文訊息,在編輯畫面中,首先要輸入的是〔標題〕。圖文訊息設定的時候,最重要的就是他的標題。因為〔標題〕的內容,會顯示在對方的聊天列表預覽畫面裡,在還沒點開訊息前,好友粉絲先看到的就是標題,這也決定了他是否想要點開。

往下捲動,接著我們要設定的是左方的排版方式。按下〔選擇版型〕。

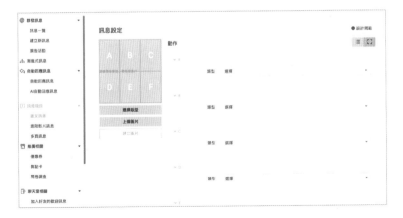

LINE 官方帳號裡，已經幫我們設計好了幾種可以組合的圖文訊息版面，
如果你不想花時間另外設計，可以直接透過這邊的〔選擇版型〕，挑選
你想要的版面組合。

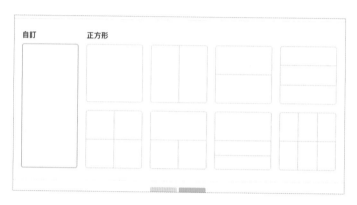

例如，當你選擇上一下二的版型，就可以自
行組合出如圖這樣的圖文訊息。

接著，你可以選擇〔建立圖片〕，這時候，可以分別上傳版面中每一格的預覽圖檔。

或者，你可以用「一張完整背景圖片」分隔成多個點擊區域，就像前面案例中有提到那樣。這時候可以選擇〔設定整體背景圖片〕。

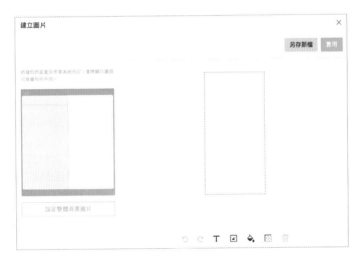

NOTE 圖文選單新增複製功能，之後就能利用既有的，去製作新的圖文選單。
打開圖文選單，點選右邊三個圓點點，即可看到複製的選項。

如果選擇一格一格上傳圖片，這時候方法也很簡單，在〔建立圖片〕中，先點擊版面裡的一格，然後在右方把想要的預覽圖上傳。上傳後，可在編輯器中調整圖片的大小、裁切位置。

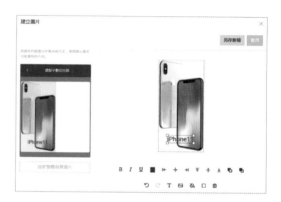

你也可以利用內建的編輯器，在每一格預覽圖中插入文字、文字框底色等等。雖然說內建編輯器可能設計不出最精美的圖片，但絕對有堪用的程度。

如果選擇一格一格上傳圖片，這
時候方法也很簡單，在〔建立圖
片〕中，先點擊版面裡的一格，
然後在右方把想要的預覽圖上傳。
上傳後，可在編輯器中調整圖片
的大小、裁切位置。

圖片版面設計完成，接下來就是要選擇當顧客點擊每一格畫面時，要產
生什麼行動。回到圖文訊息設定畫面，點擊左方的版面畫格，就可以在
右方對應的編號中，選擇要產生的行動。

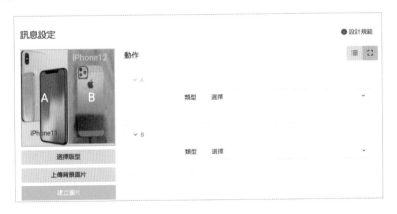

主要有兩種選擇：〔連結〕和〔優惠券〕。優惠券的部份我們後面也會介紹到，而連結就是設定一個要開啟的網址。

透過以上步驟，我們就可以設定完成一個圖文訊息了。

善用免費圖庫製作圖文訊息

在圖文訊息中，關鍵就在於要在每一個畫格使用的圖片，當然可以使用自己的產品圖片。但如果你沒有相應的圖片可以使用時，也可以利用一些免費圖庫的圖片，來當作預覽圖。

重點就是使用〔可商業用途〕又可〔免費使用〕的圖庫，這樣的圖庫很多，我這邊就推薦一個很多人使用的選擇：「Pixabay」。

≡

Pixabay 免費圖庫

網址：https://pixabay.com/

不只發影片，活用進階影片訊息

在這個時代，影片已經成為行銷很重要的一種素材，你可能也同時經營自己的 YouTube 品牌頻道，你的 Facebook 粉絲專頁上說不定不時開直播、放產品介紹影片。

而在 LINE 官方帳號中，也可以在發訊息時，插入影片的內容。

不過，LINE 官方帳號的影片有兩種類型：

➕ 單純的影片：就是在一個對話框，插入一個影片檔案。

➕ 進階影片訊息：可加上動作按鈕的特殊影片內容。

單純在訊息框插入影片，這個應該不用特別的操作教學。

這個章節，我們要來介紹看看如何活用 LINE 官方帳號專屬的「進階影片訊息」。

進階影片訊息，和一般影片有何不同？

💬 一般的影片

步驟 1

一般的影片，在好友的 LINE 聊天列表中，不會顯示影片內容介紹文字，只會說「向您傳送了影片」，但這樣沒頭沒尾的說明，很難吸引對方點擊。

步驟 2

　點開 LINE 官方帳號的來訊，一般的影片，影片的預覽畫面大概就是對話框的預設大小。

打開一般的影片，除了播放外，沒有其他下一步行動的按鈕或引導。

🗨 進階影片訊息

步驟 1

如果是進階影片訊息，收到訊息的好友粉絲，在他們的 LINE 聊天列表中，會看到進階影片訊息的標題名稱，更知道需不需要點開來看。

163

步驟 2 ━━━━━━━━━━━━━━━━━━━━━━━━

進階影片訊息在對話視窗中，是用滿版寬度
的方式呈現，看起來更吸睛。

步驟 3 ━━━━━━━━━━━━━━━━━━━━━━━━

進階影片訊息可以在播放影片時，於右上方
顯示一個〔點擊按鈕〕，引導對方有興趣的
話進一步導購或查看官網。

💬 進階影片訊息、一般影片比較

「進階影片訊息」除了上述外觀差異，另一大特性就是可以做數據追蹤。總結來說俱備下列的特性：

➕ 可設定影片標題，會顯示在聊天列表預覽。

➕ 可設計動作鍵，連結到指定網址。

➕ 訊息框的影片畫面比較大。

➕ 進階影片可以做更深度的數據追蹤。

➕ 看過進階影片的人，可以設定為獨特受眾。

還記得我們前面提到的「受眾名單」，幫助我們在群發訊息時，可以做進一步的分眾行銷嗎？進階影片訊息，就可以幫我們進一步過濾出對產品感興趣的受眾。

而在功能上，「進階影片訊息」和「一般影片」可以做下列異同的區隔：

➕ 一般影片

  ▶ 適合一次播放的影片。

    » 例如某次活動花絮。

  ▶ 影片大小限制 200MB。

  ▶ 不能做動作按鈕點擊。

  ▶ 沒有進階數據、受眾追蹤。

  ▶ 手機、電腦都可播放。

  ▶ 單純想讓使用者看影片：用一般影片

➕ 進階影片訊息

    ▶ 會重複使用的行銷影片。

      » **例如產品介紹影片。**

    ▶ 影片大小限制 200MB。

    ▶ 可以做動作按鈕點擊。

    ▶ 可以看進階數據，做受眾追蹤。

    ▶ 目前只能在手機 LINE App 播放。

    ▶ 想讓使用者導引到其他地方：用進階影片

在以前的 LINE @生活圈時代，進階影片訊息是要另外付費 1888 元升級才能獲得的功能。

但現在 LINE 官方帳號 2.0，即使你是免費輕用量用戶，都可以完整使用這個進階影片訊息。

進階影片訊息的設定教學

步驟 1 ─────────────────────────────

打開 LINE 官方帳號的
主頁，在〔群發訊息〕
功能中，對話框上的內
容插入按鈕，會看到一
個叫做〔影片〕的按
鈕，這是插入一般影片
用的。

步驟 2

另外在對話框中,也可以看到一個插入〔進階影片訊息〕的按鈕,就是用來插入特殊設計的進階影片,不過這邊需要先到〔進階影片訊息〕處做好設計,才能在群發訊息的對話框選擇。

步驟 3

來到〔進階影片訊息〕頁面,可以看到目前已經設計好的進階影片清單、標題、動作鍵等資訊,透過右上方綠色的〔建立〕,可以開始建立新的進階影片訊息。

步驟 4

在進階影片訊息設定中，〔標題〕欄位輸入這則影片的介紹，他會顯示在聊天列表預覽中。

你可以選擇隱藏或顯示〔動作鍵〕，選擇顯示，就可以在〔連結網址〕輸入要引導的網址。

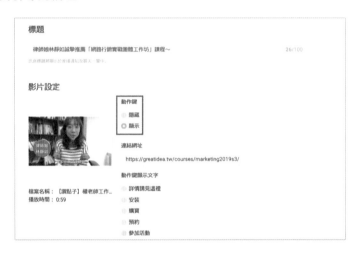

步驟 5

〔動作鍵〕的〔顯示文字〕，有一些預設選項，但也可以自己輸入需要的文字，限制在 20 個字以內。

步驟 6

要注意的就是，進階影片訊息在目前的LINE 電腦端軟體可能無法播放（之後說不定會更新），只手機 LINE App 保證可以播放。

查看進階影片數據與追蹤受眾

之所以要特別使用進階影片訊息，除了前面擁有一些按鈕設計等特殊功能外，我認為最重要的其實是數據與受眾的追蹤。

因為 LINE 官方帳號的核心特色就是「分眾行銷」，而只有我們能夠追蹤進一步的數據、受眾，分眾行銷的手段才有可能實現。

在「進階影片訊息」的後台數據中，我們可以看到影片的曝光次數、播放時間比例等等資訊。

連結網址	顯示順序	曝光	點擊數 ⑦	點擊率 ⑦	點擊的用戶 ⑦	點擊的用戶合計 ⑦
https://lihi1.com/fuUWc/Line	2	197	~19	-	~19	51
	3	2,365	45	1.9%	44	
https://lihi1.com/uVaqE/Line	2	197	~19	-	~19	41
	3	2,365	45	1.9%	36	

影音內容 ⑦

內容	顯示順序	曝光		次數 ⑦	百分比 ⑦	用戶 ⑦
▶	1	153	有播放	53	34.6%	49
			播放25%	~19	-	~19
			播放50%	~19	-	~19
			播放75%	~19	-	~19
			完整播放	~19	-	~19

此外很重要的一點就是，看過進階影片的好友粉絲，可以另外設定為一種受眾名單，讓我們下次群發訊息時，可以針對這些對產品影片感興趣的人，進一步的分眾行銷。

傳送時間	已傳送	已開封	點擊的用戶	有播放的用戶	完整播放的用戶
2019/11/24 12:18	5,848	2,118	79	49	~19

曝光 ⑦

顯示順序	內容	類型	曝光
1	律師姐林靜如誠摯推薦「網路行銷實戰團體工... 顯示更多	進階影片訊息	153
2	大家周日早安，我是權老師，馬上2019年就要... 顯示更多	文字	197
3	快來一次學會2020年最新網路行銷工具！	多頁訊息	2,365

進階影片訊息的成功用法

最後，讓我來總結幾個進階影片訊息的成功利用技巧。

➕ 在這個時代，多使用影音功能行銷。

➕ 群發訊息中，三個對話框，可用一個來放影片。

➕ LINE 上面的影片不要超過 1 分鐘，因為用戶更沒有耐心。

➕ 如果使用「進階影片訊息」，目的可能是導引對方點擊按鈕，而非一定要把影片看完。

➕ 所以要把重點都放在影片開頭，立刻吸引對方點擊。

➕「進階影片訊息」的動作鍵連結，用前面介紹的短網址，可更具體追蹤點擊成效。

➕ 設計好動作鍵的那句話，讓好友粉絲一邊看影片就會想點擊。

多頁訊息，把一則訊息變成產品目錄！

可以在一個對話框，放入最多的連結內容

還記得我們前面說過，LINE 官方帳號有一種訊息內容格式叫做「圖文訊息」，可以在一個對話框中，組合最多六格的預覽圖內容嗎？

但是，如果你想要在每一次寸土寸金的群發訊息中，一次介紹你的完整產品目錄，例如：

➕ 接下來所有的課程、活動報名清單。

➕ 當季最優惠的商品目錄。

這時候可以試試看 LINE 官方帳號的一種新的內容格式：「多頁訊息」。

≡

> **多頁訊息，是目前 LINE 官方帳號中，**
> **可以在一個單獨對話框裡，**
> **放入最多內容的訊息格式。**

多頁訊息傳送到好友粉絲的 LINE 即時通後，會呈現如圖的效果，在一個對話框中，可以透過「左右滑動」，瀏覽「好幾頁」的宣傳、介紹內容，並且在圖文並茂的宣傳頁下方都會有可以點擊的優惠、購買連結。

目前多頁訊息的格式特性為：

➕ 每一個對話框，可以放入一組多頁訊息。

➕ 一組多頁訊息，可以插入 10 頁。

➕ 每頁內容，除了圖片與文字介紹，還可插入兩個動作連結。

➕ 但最後一頁的結尾頁，只能插入一個動作連結。

➕ 也就是說，一組多頁訊息，最多可以插入 19 個動作連結。

所以如果我們在一次〔群發訊息〕中，三個對話框全部都插入〔多頁訊息〕，每一頁都放滿兩個連結（但最後一頁只能插入一個連結）。

放好放滿後，等於在一次的訊息中，我可以放入：「19 x 3」，總共「57」個外部連結，你可以想像成，在一次訊息裡最多可以介紹目前 57 個優惠商品與導購。

多頁訊息設定方法教學

步驟 1

要使用多頁訊息，首先我們要打開 LINE 官方帳號後台的〔主頁〕，在〔多頁訊息〕中進行〔建立〕。

步驟 2

開始建立的第一步，先輸入描述內容的標題。這個〔標題〕就如同前面所說，會出現在對方收到的通知、聊天列表預覽中，非常重點。

步驟 3 ——————————————————————————————

接著，進行整體的〔頁面類型〕選擇，LINE 官方帳號這邊提供了四種基本的預設：

- 商品服務：適合用在介紹你的產品目錄。最常使用的類型。
- 地點：適合用在介紹你的連鎖店面資訊。
- 人物：適合用在介紹員工、活動嘉賓等。
- 影像：適合同時要發送相片牆等需求時。

我建議大多商家，使用〔商品服務〕類型是最適合的選擇，也是一般情況的選擇。

NOTE　一定要先選好頁面類型，而且在開始製作每一頁的內容時，千萬「不要更換」頁面類型，一但更換會導致全部內容清空。

步驟 4

接著，先把自己想要的頁面數量新增好，透過右方的〔新增〕，一組多頁訊息，最多可以新增 10 個頁面。

步驟 5

然後進入第一頁，開始內容製作，之後製作第二頁、第三頁時，可以直接複製第一頁的內容，再做修改。

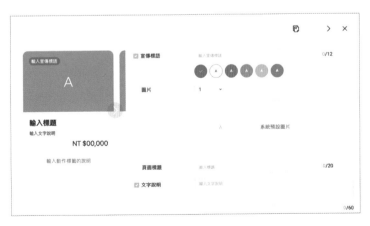

製作內容的第一步,我建議先選擇好圖片的組合版面,透過〔圖片〕的數量選單,選擇你想要在一頁訊息插入幾張預覽圖。

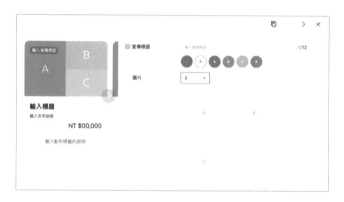

NOTE 例如這一頁要介紹一個團購餐點,我插入三張圖片,分別是包裝照片、兩個不同角度的做好的菜色照片。這是圖片版面的利用方式。

你可以直接用 LINE 官方帳號提供的圖片排版工具，簡單切割照片。

上傳圖檔後，直接在 LINE 官方帳號工具中完成裁切縮放即可。

接著，在〔宣傳標語〕輸入要印在圖片版面上的內容，還可以選擇文字框底色。

在〔頁面標題〕、〔文字說明〕說明產品介紹。

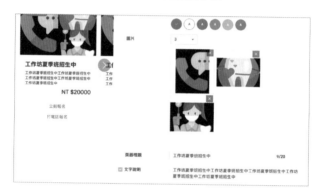

接下來的重點，就是〔輸入動作標籤的說明〕，每一頁內容，可以插入最多兩個動作連結。

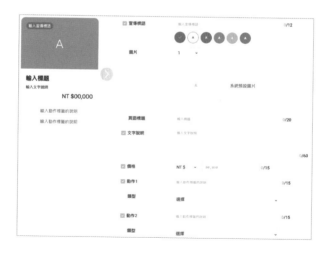

步驟 11 ————————————————————————

例如這一頁介紹了雞湯產品,我可以插入兩個動作連結,一個導向烏骨雞湯優惠,一個導向土雞雞湯優惠。

步驟 12 ————————————————————————

一頁一頁,把多頁訊息的內容編輯好。比較特別的是最後一頁,稱為〔結尾頁〕,這邊的版面只能插入一張滿版背景圖,以及一個動作連結。通常用來作為〔更多產品請見某某處〕的收尾。

多頁訊息的成功應用方法

讓我來總結幾個多頁訊息的特色:

➕ 多頁訊息,比圖文訊息可以放更多產品連結。

➕ 特別適合產品內容很多的宣傳需求:

  ▸ 電商商品
  ▸ 媒體資訊
  ▸ 課程活動總攬

➕ 很適合導連結回到官網、回到購買點。

從前面的圖文訊息,到現在的多頁訊息,你可以發現 LINE 官方帳號雖然訊息費用提高了,但是一則訊息可以放的資訊量、可以讓用戶採取的動作,以及版面呈現方式,其實都要比原本的 LINE@ 生活圈要豐富很多。

並且這些特殊的內容格式,LINE 官方帳號也都已經內建工具,在不需要額外設計師的情況下,一般用戶也可以輕鬆完成基本排版。

所以使用 LINE 官方帳號的時候,一定要好好利用這些特殊的內容格式。

圖文選單，設計讓顧客反覆點開的店家 App

什麼是「圖文選單」？

圖文選單，就是你點開 LINE 官方帳號之後，會看到很多帳號下面會有一條功能列，點開來之後，會出現像是按鈕一樣的一格一格的選單，這個就是用〔圖文選單〕功能來進行設計的。

圖文選單最多可以設計六格的功能按鈕，但也可以自訂。

如圖中所示，一家民宿的 LINE 官方帳號中，可以看到訊息最下方有一條〔點我撥電話、看官網〕的功能列。

把這條功能列點開來，可以看到〔打電話給我們〕、〔到官網看房間〕的按鈕，以及一張大照片可以點開來看民宿介紹。這就是一個三格的圖文選單。

當有了這樣的設計後，最大的不同就是，好友粉絲不是因為你發訊息給他，他才能來看的 LINE 官方帳號。

而是反過來，當好友粉絲
對你的「產品」、「服務」有需求時，
他們知道你的 *LINE* 官方帳號提供了
一些解決問題的〔功能〕。

他們可以直接打開你的 LINE 帳號，透過圖文選單查看房型、電話訂房。

善用圖文選單，不用發訊息也能連結顧客

我們都知道，當升級到 LINE 官方帳號後，每一則訊息都會累積行銷費用，亂發訊息不只會被顧客封鎖，而且亂槍打鳥不僅無效，還會造成我們的行銷費用提供。

這時候，除了分眾行銷外，如果能夠讓加入好友的顧客：

需要我們的時候，
可以主動打開我們的 *LINE* 官方帳號，
就能「立刻獲得服務」。

不用我們花錢發訊息，甚至不用透過聊天詢問，那麼我們就能跟顧客建立更緊密的連結。

圖文選單，正是要滿足這樣一種經營顧客的設計。

例如一家餐飲店的 LINE 官方帳號，透過圖文選單提供了餐飲店家的服務功能，顧客加入 LINE 官方帳號後，如果想去用餐，點開這家餐飲店的 LINE 官方帳號，打開下方的圖文選單，就能獲得這些服務：

+ 立即線上訂位。

+ 查看當季菜單。

+ 了解最新優惠。

+ 收集集點卡。

+ 查看會員資料。

那麼，即使我們不發訊息給顧客，顧客也能夠自己獲得最新優惠資訊，並且這個 LINE 官方帳號可以解決他的核心用餐問題。

又或者一個販售商品店家的 LINE 官方帳號，例如下方的圖文選單，提供：

➕ 當月最新優惠商品目錄。

➕ 查詢各項特殊服務的使用方式。

➕ 進行線上客服。

這樣一來，想要買東西的顧客，也可以在不用收到太多訊息的情況下，自己打開你的 LINE 店家帳號，自己用圖文選單解決問題。

這就是圖文選單的效果，非常值得好好利用。核心的應用精神就是：

把圖文選單
當成一個讓顧客會想要主動點開，
解決他的問題、需求的功能選單。

並且製作圖文選單，還可隨時更換、更新圖文選單，都不需要額外的費用。

如何製作你的官方帳號圖文選單

讓我們先來跑一遍圖文選單的「基本操作」，幫助完全還沒有用過的朋友，先了解上手流程。

步驟 1

打開 LINE 官方帳號後台的〔主頁〕，進入〔圖文選單〕的製作頁面，透過右上方可以〔建立〕新的圖文選單。

步驟 2

一進入圖文選單的設計畫面，一開始要輸入〔標題〕，不過這邊的標題不是那麼重要，因為你的好友粉絲看不到標題，標題在這裏只是幫助經營者知道這個圖文選單用途而已。

步驟 3 ───

這邊比較重要的是下面幾個項目：

➕ 使用時間：

　▶ 圖文選單可以設計很多組，可以為每一組預先設定好開啟時間。

　▶ 例如二月出現二月產品目錄選單，三月出現三月產品目錄選單。

　▶ 但是每一組的使用期間「不能重疊」。

➕ 選單列顯示文字：

　▶ 這就是聊天視窗最下面那一列的文字。

　▶ 建立使用「自訂」。

　▶ 輸入會吸引使用者打開你的選單的文字。

➕ 預設顯示方式：

　▶ 用戶開啟聊天視窗時，直接彈出圖文選單？

　▶ 或者只會顯示最下面的選單列文字，要另外點擊開啟。

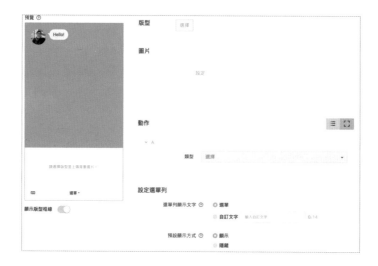

我是否應該讓圖文選單強制開啟呢？這就要看你的圖文選單設計成什麼用途，如果裡面是很多使用者需要的客服功能（像是餐廳的訂位、集點），那麼可以讓使用者打開你的聊天視窗，就直接彈出圖文選單。

但如果你的圖文選單裡大多也是行銷資訊、商品資訊（像是店家的商品目錄），那麼或許應該先縮小成資訊列，透過文字吸引顧客需要時再打開來。

步驟 4

我們來設計一個最基本的圖文選單。在內容設定中，可以設計一格到六格的版面，先選擇一格，右方的〔動作〕中，則設定當點擊這一格時，會用〔文字〕傳送一個店家聯絡方式訊息給用戶。

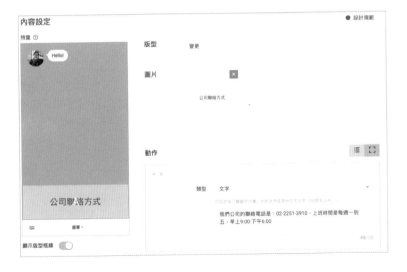

這一格可以擺入背景圖、填滿顏色，插入文字描述。

於是當用戶打開我的 LINE 官方帳號時，會看到
下面有一列〔聯絡我們〕的選單，打開選單，就
看到我剛剛測試的那一格〔公司聯絡方式〕的圖
文選單。

而用戶點擊這一格〔公司聯絡方式〕後，就會傳
送我填寫的公司聯絡資訊，到對方的聊天視窗
中。這是最簡單，最基本的用法。

注意！我這邊雖然說用戶點擊圖文選單方格，會收到
需要的訊息。但其實仔細看上面的公司聯絡方式，會
發現其實是幫用戶發了一則訊息到 LINE 官方帳號上
（左方是 LINE 官方帳號發的訊息，右方是用戶帳號
發的訊息）。

所以這裡其實是顧客點擊圖文選單按鈕後，透過顧客
的 LINE 帳號發了一則公司聯絡方式，到我們的 LINE
聊天視窗。只是對顧客來說，他獲得的效果是知道了
我們的聯絡方式。

圖文選單的版面設計技巧

前面快速介紹圖文選單的基本操作，讓大家先了解流程，以免混亂。這邊我們再來看看進階的設計技巧。

步驟 1

在圖文選單的〔內容設定〕中，選擇版型可以最多選擇六個方格，這樣我們就可以設計最多六種動作按鈕。

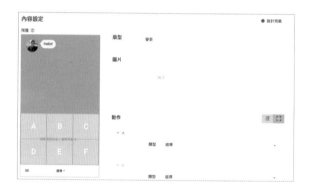

步驟 2

點擊左方版面的某一個方格，可以針對這個方格做設計。如果你沒有設計師可以設計好看的按鈕，其實也可以利用 LINE 官方帳號上的內建功能，利用簡單的填色，來當作色塊按鈕。

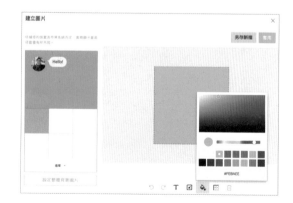

步驟 3

簡單的色塊，加上文字，也可以做成像是功能按鈕般的圖文選單。

步驟 4

或者，你可以去免費 ICON 圖庫，搜尋一些免費的 ICON 圖示，用在自己的圖文選單中。例如我自己常用的是「FlatIcon」。

步驟 5

直接搜尋關鍵字,去找到你需要的圖示。

步驟 6

尤其當你的功能按鈕是打電話、打開 Facebook 專頁、寫郵件時,更可以多利用這樣的免費 ICON,找到相應圖示,使用者也更能看懂功能按鈕的用途。

下載時，除了要注意是否有免費可商業使用的授權外，另外也建議可以
下載 JPG 或不要太大的圖檔，以免圖檔體積太大時，LINE 官方帳號可
能不讓你上傳。

用底色、加上文字，插入圖示後，雖然不是最精美的樣子，但一個看起
來像是功能選單的圖文選單，也就設計完成了。

步驟 9

我們可以把六格一一設計好相應功能的圖示,按下套用,就能完成版面
設計。

步驟 10

接著,就是在右方的對應〔動作〕,一一把每個按鈕要觸發什麼行動,
也設計好。主要有四種行動:

➕ 文字

▸ 這主要是幫用戶傳送一則訊息到 LINE 官方帳號。

▸ 可以用這種方式,直接提供用戶資訊。例如前面的公司聯絡方
式。

▸ 也可以設計成「自動回訊」,點擊某個按鈕,就發送某個關鍵
字,觸發自動回應訊息。

➕ 打開特殊功能

▸ 例如後面會介紹到的 LINE 官方帳號優惠券、集點卡。

- 外部網站
  ▶ 直接輸入網站網址。

- 撥打電話
  ▶ 選擇〔連結〕,例如〔tel: 電話號碼〕的語法,可以讓用戶按下按鈕,直接撥打電話到公司。

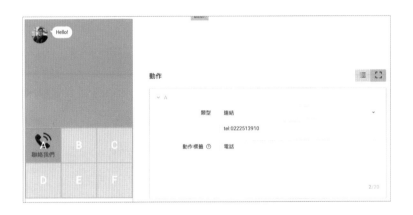

> **NOTE**　練習到這邊,你就可以發現,圖文選單上面的按鈕,可以觸發的行動更加豐富,於是也就可以當作功能選單來使用。

把圖文選單設計成商家 App

了解「圖文選單」的功能細節後，在目前 LINE 官方帳號經營中，最利用的圖文選單利用，就是跟前面提到的「自動回應訊息」結合，再組合「圖文訊息」、「多頁訊息」等搭配在一起使用。

整個設計的流程與思維是這樣的：

➕ 自動回應訊息，用戶只要輸入特定關鍵字，就可以觸發自動回訊。

➕ 一次自動回應訊息，最多可以組合五個對話框。

➕ 每個對話框還可以使用圖文訊息、多頁訊息，結合更多內容。

➕ 如果一則自動回應訊息，組合五個對話框，每個對話框都使用多頁訊息。於是一次回訊，可以提供 95 個相關產品連結。（當然，通常不會用到極限）

➕ 圖文選單的動作按鈕，可以透過〔文字〕，幫使用者傳訊到 LINE 官方帳號。

➕ 如果把圖文選單動作按鈕的〔文字〕，設定成自動回應訊息的關鍵字。

➕ 那麼使用者只要在圖文選單上點一個〔商品目錄〕的按鈕，就可以最多跳出五個多頁訊息對話框，總共 95 個商品目錄連結！

當然，上面是我模擬一個極致使用的案例，但你也可以這樣思考看看，如果：

➕ 你沒有官方網站。

➕ 你沒有 App。

➕ 你想讓顧客在 LINE 官方帳號上就了解你的所有服務。

➕ 你想讓粉絲在 LINE 官方帳號上更快速解決查詢、客服問題。

≡

那麼「圖文選單」等於是一個可以設計好「六組自動回訊關鍵字」的功能選單。

用戶不用學會要使用什麼關鍵字來詢問我問題，只要「直覺的點一個按鈕」，就會收到圖文豐富的回訊答案了！

你可以在自己 LINE 官方帳號的圖文選單中，例如用戶直接查行程、查今天的菜單、查開店的時間、查今天的節目表等等各種功能，就跟前面講的一樣，把你的 LINE 官方帳號，當成一個工具來使用。

例如圖中這樣的案例，把最重要的幾個主題資訊、訂閱電子報連結、免費的官方貼圖，設計成圖文選單，讓用戶想要反覆查看，或是快速獲得需要的功能。

又或者，在按鈕中設計一個近期課程推薦，你不一定要發課程消息給用戶，用戶自己到 LINE 官方帳號的圖文選單，就能查訊所有近期的課程。

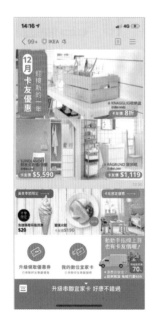

或是說跟圖文訊息結合，用戶在圖文選單點擊一個近期優惠按鈕，就會在一則圖文訊息中，看到所有可以進一步點擊的優惠產品預覽圖。

圖文選單的成功設計案例

要設計好圖文選單，總結來說，要把握幾個重點：

➕ 打開圖文選單前，下方資訊列成功的吸引文字。

➕ 成功的選單按鈕設計。

➕ 成功的導向用戶需要的資訊回應，或是功能連結。

例如這張圖中，資訊列是宣傳當時總統選舉直播的訊息，吸印用戶點開。

用戶點開後，看到一個看似完整一張圖的圖文選單，但其實這是由三個方格組合在一起的。可以分別點擊三個總統候選人的頭像，就會打開該為候選人相關的新聞資訊訊息。

後面這個媒體的應用案例，則是把圖文選單當成〔每日熱門新聞〕的資訊列。

讓用戶自己打開媒體的 LINE 官方帳號，透過下方的〔時事秒讀〕，主動查訊今日的熱門新聞。

而打開圖文選單後，則是常常更新的，把熱門文章變成圖文選單。

這樣一來，這個媒體的 LINE 官方帳號，不一定要一直發訊息給用戶，而是讓用戶把這個帳號當作主動查詢熱門趨勢文章的工具。

我們可以試試看圖文選單的幾種應用方式：

➕ 當作當季促銷的商品目錄版位。

➕ 把最新產品宣傳放上圖文選單，讓用戶主動查看。

➕ 用圖文選單提供最新資訊：最新節目、最新菜單、最新新聞，

➕ 用圖文選單提供用戶服務，例如查詢今日天氣、旅遊情報。

你可以把圖文選單做得更像是工具選單，那麼用戶對你的 LINE 官方帳號的黏度就愈強，愈不容易封鎖，也愈會常常打開你的 LINE 帳號，一方面使用你的圖文選單上的功能，另一方面也會看到圖文選單上的最新行銷資訊。

≡

而這時候，我們甚至都沒有發訊息給用戶，而是反過來讓用戶使用我們。

優惠券的活用，吸引顧客到店消費

優惠券、抽獎活動的設計原則

優惠券，這是 LINE 官方帳號中的一種辦行銷活動的工具，主要的目的是用在：

吸引顧客到你的實體商家做進一步的消費。

例如我提供一個五折優惠券，可以到我的店面購買某一類型商品。或是我提供了下次用餐的折抵一盤肉的優惠券，下次到店用餐可以使用。

顧客透過 LINE 官方帳號獲得了這樣的優惠券，但重點是，使用時必須來到我的實體店家，用手機確認優惠券訊息，才能完成使用。

這樣的操作流程，最終的目的其實不是在送優惠券（當然，也還是可以當作單純提供老顧客的某種優惠回饋或獎品）。而是要完成 O2O，線上到線下的實際消費行為。

優惠券還分兩種發送模式：

＋ 人人有獎，每個打開連結的人，就會獲得一張優惠券。

＋ 抽獎，透過一定的機率運算，吸引大家互動，最後一部份人獲獎。

不過我的建議是，優惠券真正的目的不是送獎品，而是要吸引對方二次消費，所以最好的做好是：

≡

設定小獎、小優惠，
中獎機率高，甚至人人有獎，
讓對方到我的實體店家消費兌換。

如果你在使用優惠券時，想要用抽獎的方式，提供一些有樂趣的活動，這也是一個思考方向。

因為「抽獎」這兩個字，有時候對顧客來說更有吸引力。因為不是人人有獎，每個人都期待自己中獎，有了一點賭性，於是有可能參與的意願反而更高，有可能吸引更多的粉絲來參加。

不過別忘了，我們真正的目的是要吸引對方到店消費。

所以這時候抽獎的設定應該要合理，適度提高中獎機率，讓抽獎加上優惠券，變得更加有吸引力。

如何設定優惠券？

步驟 1

打開 LINE 官方帳號〔主頁〕中的〔推廣相關〕選擇〔優惠券〕，就可以開始建立新的優惠券活動。

步驟 2

首先,輸入優惠券名稱,設定優惠券有效的使用時間,並上傳優惠券的圖片。

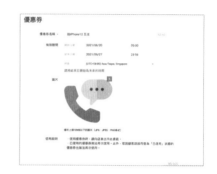

這裡的重點是,務必在「使用說明」把優惠券的用法(例如要拿到店家,交給店員實際操作兌換),優惠券的使用時間,都再次說明清楚。

步驟 3

接著可以做優惠券的進一步設定,幾個重點是:

➕ 抽獎:可停用,就人人有獎。或是可開啟,並設定機率。

➕ 刊登至 LINE 服務:刊登優惠券後,該優惠券便會刊登至 LINE 的相關服務,有助於吸引更多新好友。。

➕ 可使用次數:每個用戶每張優惠券可以使用幾次,如果設定為 1 次,按下使用後,就會消失。

如果設定成要開啟抽獎，就要進一步設計中獎機率、最高中獎人數。

LINE 官方帳號這邊的抽獎有一個機制是，如果我的中獎人數設定為 5 人，並且因為機率問題，已經有 5 人抽中了。這時候，優惠券抽獎活動還是會繼續進行，只是接下來的人都會抽不到獎。

可以在任何 LINE 官方訊息中，插入優惠券。

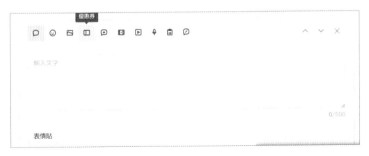

這樣一來,在群發訊息、自動回應訊息、圖文選單等處,就可以顯示優惠券。

讓新加入好友立即獲得優惠

在 LINE 官方帳號的應用中,優惠券有一個很常被利用的時機點,就是用在:

加入好友就可以獲得優惠券。

你有沒有看過這樣的活動,如果你現場加入店家的 LINE 好友,就可以立即獲得某種優惠券。透過這樣的方式,吸引顧客來加入好友。

方法也很簡單，在前面設定的步驟 5 中，
選擇〔設為加入好友送優惠券〕即可。

搭配前面設定只有好友才能領取優惠券，
就可以讓優惠券成為吸引顧客加入你帳號的
機制了。

NOTE

不過這裡也有一個重點，如果是加入好友就獲得優惠
券。因為新加入的好友，沒辦法在聊天訊息中找到優
惠券資訊，會導致如果他跳開優惠券視窗，就會找不
到已經獲得的優惠券在哪裡。

這時候，建議你在歡迎訊息中，主動提供優惠券的連
結，或是在圖文選單中提供。方便新加入的好友，找
到優惠券，並到你的店家消費使用。

集點卡的活用，經營長期會員機制

前面提到的「優惠券」功能，還可以和這裡的「集點卡」一起使用。

於是你可以創造一個這樣的機制：

➕ 每個顧客來店裡消費，就可以集一點，
直接集在 LINE 的集點卡上。

➕ 累積到五點時，可以兌換一份甜點，用
LINE 優惠券製作。

➕ 累積到十點時，可以兌換一道主食，也
用 LINE 優惠券製作。

➕ 顧客到店消費，累積點數在該店家的
LINE 集點卡上。

➕ 累積到一定點數，就可以領取指定的店
家優惠券。

這樣的流程，全部都是在 LINE 官方帳號與 LINE App 上完成。對顧客來說，只要加入店家的 LINE 官方帳號，就能開始集點。

對店家來說，不一定要另外製作 App，也能直接用 LINE 來累計顧客點數，其實也就是長期經營店家會員的一種方式了。

如何設定 LINE 集點卡？

步驟 1

來到 LINE 官方帳號的〔主頁〕，選擇〔集點卡〕，可以開始進行設定。一個官方帳號，可以同時發行很多張集點卡，就看你想要怎麼設計。設計時的幾個選項重點如下：

➕ 樣式：集點卡的外觀有 LINE 預設的樣式可選。

➕ 集滿所需點數：這張集點卡集滿幾點後，可以兌換最終獎品。

➕ 滿點禮：選擇一張優惠券，當作集點點數的最終獎品。

  ▶ 所以使用集點卡前，一定要先設計好獎品優惠券。

➕ 額外獎勵：假設滿點是 10 點，可以設計當集到 5 點時，提供一個階段性獎品。

➕ 有效期限：這張集點卡的失效時間。

你可以設定一張甜點集點卡,一張飲料集點卡。讓顧客分享選擇自己想要收集哪種產品的集點。

額外獎勵是 LINE 集點卡的特色,如果要集滿 20 點有點難,可以設定成集到 5 點、10 點、15 點時,分別提供一些額外的獎品(但是不影響集滿點數後還有最終獎品)。這樣看起來比較沒有那麼難,可以鼓勵顧客一直來店消費與集點。

步驟 2

可以在〔連續取得點數限制〕的地方,選擇〔不設限〕,這時候,每天都可以重複集點。但最好能夠在集點時,店家請顧客把手機交給店家,由店家掃描條碼來獲得點數,避免可能的作弊。

取卡回饋點數	0 ∨ 點
	可於顧客取卡時自動發放的點數。若於顧客一開始集點即贈送點數,有助於提升顧客繼續集滿的意願。
連續取得點數限制	◉ 不設限
	○ 同一天內不重複發放點數給同一位顧客(每天0:00重設)
	○ 於指定時間內不重複發放點數給同一位顧客
	1 ∨ 小時
	此設定將套用至所有的「印製用的點數發放行動條碼」及「顯示於智慧手機上的點數發放行動條碼」。
使用說明	・來店可獲得點數1點。
	・當日不論來店次數,僅可獲得點數1點,敬請見諒。
	・若有濫用情形,該用戶截至當時所取得的點數等所有內容可能遭註銷。
	69/500

步驟 3

或者乾脆設定成〔同一天內不重複發放點數給同一位顧客〕，避免作弊。

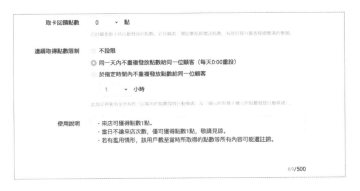

NOTE 因為顧客獲得點數的方法，是用顧客的 LINE 手機，掃描店家 LINE 官方帳號上的集點卡 QR Code。為了防止顧客拍下 QR Code 後，回家可以重複集點。最好是店家可以請顧客把手機交給店員，由店員親自掃描集點。

步驟 4

還有一個〔取卡回饋點數〕的設計，這個用途是當對方第一次領取集點卡時，要不要先給他一些預設點數。

建議起碼給 1 點，因為當顧客的集點卡中已經有點數時，可以強化他們繼續來店家集點的意願。

211

集點卡的成功案例

利用下面這個案例。

這家餐飲店，設計了一個集點卡機制，並且把他的集點卡連結放在〔圖文選單〕，讓顧客方便隨時打開集點卡來集點。

顧客打開餐飲店的集點卡，可以看到這張集點卡目前累積了多少點數，以及每個階段點數可以兌換的優惠券訊息（這種時後，優惠券通常不是設計為折價，而是設計為可以直接兌換某種商品）。

集到點數的顧客，可以領取優惠券，而店家確認後，按下使用，就可以兌換商品給顧客了！

3-20

善用問卷調查，了解粉絲的喜好

LINE官方帳號內建的「問卷調查」功能其實還蠻好用，除了規定無法蒐集個人資料之外，是一個統計粉絲喜好的好用工具。

奇怪的是，或許是因為功能太複雜，我加入過近千個Line帳號，卻幾乎從來沒有接到過「問卷調查」的群發訊息。

也因此，在LINE宣佈要升級官方帳號2.0的當下，同時有提到2.0之後這個「問卷調查」的功能可能會廢止。所以如果在本書出版之後沒多久，你再也找不到這個功能，也不要覺得奇怪。

「問卷調查」的基本設定

步驟 1

進入LINE官方帳號的〔主頁〕，打開〔問卷調查〕，開始建立。建立流程分成三大區塊：基本設定、說明頁面設定、謝禮頁面設定。也是粉絲在回答問卷時，會依序看到的3個不同頁面。

開始輸入你的「問券調查名稱」。比較多人會設定失敗的地方,則是在「問卷調查期間」,一定要設為「未來時間」。

什麼是未來時間呢?就是不能比你此時此刻的時間還要早,例如現在是

2023 年 1 月 31 日下午 5 點,你的問卷調查開始時間就一定要晚於 2023 年 1 月 31 日下午 5 點,如果早於當下時間,這份問卷調查就會無法設定成功。

接下來,就上傳你的「主要視覺圖片」、再寫下最多 150 字的「問卷調查說明」。

然後是設定誰可以回答這份問卷?如果是「僅限好友」,非粉絲就無法填寫。如果是「所有 Line 用戶」,就可以鼓勵粉絲把問卷分享出去。

NOTE 只要有設定「謝禮」誘因,最後回答的粉絲人數是有可能超過你的好友人數的。

接著進入說明頁面的設定，可以
選擇問卷圖示，可以上傳說明頁
面的圖片。

並且設定是否要顯示聯絡資訊，
這是選填的，如果要顯示，可以
輸入公司的名稱和聯絡電話。

設計問卷調查的謝禮

LINE 的問卷調查，背後真正的目的應該還是行銷。所以透過謝禮來邀
請對方填寫問卷，也是必要的手段。

在謝禮頁面設定，如果你希望增加粉絲的回答意願，可以在這裡輸入
謝禮「優惠券」。
這裡的優惠券和之
前左側選單的優惠
券是同一種，可以
選擇之前設定好的，
也可以在此重新設
定新的優惠券。

> **NOTE**
> 如果你有設定優惠券，基於禮貌，就必需也填上一段
> 100 字以內的感謝訊息，通知粉絲有得到這個優惠
> 券。

設定問卷調查的題目

步驟 1 ─────────────────────────────

下一步是問卷調查的「題目設定」，分成兩個區塊：用戶屬性、自訂問題。

用戶屬性：這裡是用勾選的方式，讓你決定是否要統計回答者的性別、年齡和居住地？可以問也可以不問，如果勾選要問，就要「自訂答案選項」。

步驟 2 ─────────────────────────────

另外是自訂問題，接下來就是最重要的部份，可以在這裡設定你的問卷題型，這裡的題目又可以分成兩種，分別是單選、複選。

步驟 3

選完題型之後，就是輸入你的問題及選項，每個題目可以上傳一個對應的圖片，每個答案也可以設定相對應的圖片，當然也可以只輸入文字就好。

步驟 4

每一題最多可以有 10 個選項，每次問卷調查最多可以設定 7 題，每題設定完成後，可以點選下方「新增問題」，進入下一題的設定。

步驟 5

全部設定好，點選最下方的「儲存」按鈕即可。問卷設定完成，回到問卷調查首頁，在「進行中的問卷調查」中會看到你剛剛設定好的問卷，該問卷最右側應該會出現「已就緒」的按鈕。

然後進入群發訊息功能，就可
以選擇受眾，然後再點選「問
卷調查」按鈕，選擇之前已就
緒的問卷調查，即可傳送出
去，開始問卷調查。

要注意粉絲只能在手機上點選使用問卷調
查。

群發時間一定要「晚於」問卷調查設定的「開始
時間」，這樣粉絲一收到問卷就可以開始回答，
否則就會出現「本問卷調查尚未開始」的提示，
等問卷調查正式開始時，粉絲未必會記得要再回
來回答問卷。

也就是「群發時間」晚於 >「問卷啟動時間」
晚於 >「設定當下時間」

等全部問卷調查期間結束，在問卷調查中的「已
結束的問卷調查」中，管理員就可以點選下載
全部的調查結果。（注意，這裡只會看到全部
統計結果，並不會看到誰填了什麼內容喔）

帳號滿意度調查功能

「帳號滿意度調查」這個功能是「使用系統預設問卷，輕鬆調查用戶對您官方帳號的滿意度。定期調查用戶滿意度，可助您衡量過往的廣宣成效，並作為日後規劃及改進的參考」。

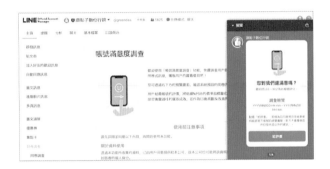

步驟 1

使用方法很簡單，在開始前有一塊「使用前注意事項」說明，主要是 Line 官方的資料蒐集宣告，點選「同意」之後，會有一連串的教學步驟，基本上，只要一直點選「下一步」，最後按下右上角的「傳送」，就會啟動調查。

這個滿意度調查，是不算在每月群發則數裡，所以不論你有多少群發則數都可以使用，但每次使用之後，必需要再隔「九十天」才能重啟調查。

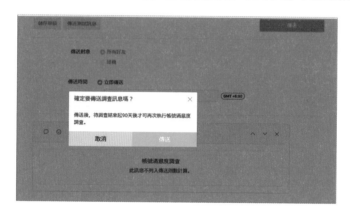

粉絲收到調查之後，要填寫的欄位也很制式而簡單，點選「給評價」之後，只會有一題是「請問您有多大的意願將 XXX 的 Line 官方帳號推薦給好友或同事等人？」答案是 0-10 的評價等級。

最後可以選擇「推薦此帳號給好友」或「返回聊天室」，就結束了。

當這份簡單問卷還沒回收到 25 份之前，管理員並無法得知大家的評價，只有滿 25 份之後，才能把大家的評價點選下載。

目前看起來，這是一個很奇妙的功能，好處是它不算在「群發則數」裡，每 90 天可以刺激大家和你互動一下（有粉絲可能填完滿意度，就回到聊天室順手傳了個貼圖）。

但根據我自己的觀察，因為在管理員開始使用前，LINE 會跳出一個「資料蒐集宣告」，我更覺得這個比較像是 LINE 官方針對所有的「官方帳號」所進行的一個滿意度調查。

如果一個帳號調查的平均分數低到不行，LINE 官方說不定會針對這種帳號進行更多的輔導（或協助？），但如果調查的結果很滿意，LINE 官方說不定就可以把這個帳號拿來當成行銷成功範例，增加更多曝光？

當然，這只是我自己私下揣測的結果，LINE 官方目前還沒有針對這個功能有太多的說明。

漸進式訊息：跟客戶保持良性互動

「漸進式訊息」是 Line 官方帳號裡很實用，卻還很少人使用的新功能。我們在做會員經營管理時，最重要的一點就是要持續和你的會員客戶保持互動，但又不能亂發垃圾訊息，可能會導致反感。要做好這件事有兩個訣竅：

➕ 一是使用「標籤」之類的功能把會員做好分類，之後針對不同標籤發送會員真正感興趣的分眾訊息。

➕ 另一個就是不要太快發送廣告訊息給會員，要先從日常生活的關懷問候開始做起，先和會員培養好感情。

舉個例子來說，某間汽車公司在把車子售出之後，在三天之內可以發個訊息關心一下客戶，詢問新車開的如何？有沒有什麼操作上的問題？過了 2-3 個月左右，可以發第二次訊息，邀請客戶回來做新車調校；之後每 3 個月或半年時間，可以提醒客戶回原廠做定期保養；過了 2-3 年之後，說不定還可以推出老客戶回娘家，給他們一些舊換新的特殊折扣方案。

以上這樣的關懷＋行銷訊息，其中最重要的就是「客製化」，要讓收到的人覺得是針對他來發送的，不是亂發一通，所以在正確的時間點發送專屬於他的訊息，成功機率就會高很多。

以往這樣的功能，需要用到比較複雜的 CRM 系統，如今，我們透過 Line 官方帳號的「漸進式訊息」就可以很輕易做到這點。設定步驟如下：

「漸進式訊息」的基本設定

步驟 1

點選左側「漸進式訊息」，可選擇「選用訊息範本」或是「建立新訊息」。

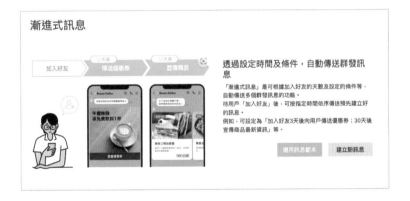

步驟 2

點選「建立新訊息」，
會出現一個「使用說
明」，關閉後開始進行
基本設定，包括訊息標
題、有效期間、傳送訊
息則數上限。

- 訊息標題：這主要是給自己看的，可能同時會設定多個漸進式訊息，以此標題來區分之。

- 有效期間：一般我們不會特別設定有效期間，通常是即刻開始生效。

- 傳送訊息則數上限：除非有預算考量，才會特別限制則數上限。當然，如果你群發的額度不足，漸進式訊息就會自動停止發送。

步驟 3

訊息設定：在下方流程區塊依序設定觸發條件、追加步驟（傳送訊息或追加分歧條件）。

- 觸發條件：可選擇這個訊息是要發給所有好友，或是特定受眾。也可以設定在某個特定日期之後加入的好友才適用此條件。加入管道可選擇「所有管道」或「特定管道」，這個設定有助於想依不同管道加入好友做不同後續行銷操作使用。全部設定完記得按下「儲存」。

➕ 追加步驟：點選追加步驟，可選擇傳送訊息或追加分歧條件。

▶ A. 傳送訊息：可以設定加入好友「X 天後」開始傳送訊息，並且點選「訊息」進行內容編輯。這裡的訊息包括所有 Line 官方帳號群發的格式，不只是文字訊息而已，也可設定發送時段。記得每則訊息都算是正式訊息，會扣掉一則費用，所以最好也把三個對話框設定好、設定滿。

▶ B. 追加分歧條件：可以在觸發日期到結束之間任意位置追加分歧條件，這裡的條件是指依「屬性篩選」，包括：性別、年齡、作業系統、地區四種預設屬性，或是依「受眾」來篩選，此處的受眾並非標籤，而是在「資料管理」中的「自訂受眾」。

舉例來說，我想設定一個「加入好友三天後」自動會收到一張「商品折價券」，而且是按照「性別」收到不同種類商品的折價券。就可以使用分歧條件功能，設定男生和女生會收到不同的訊息（商品折價券）。

以上是從無到有建立新漸進式訊息的方法，如果你覺得太複雜，也可以「選用訊息範本」，裡頭包括「後續追蹤、吸引回頭客、邀請評論 / 聊天、宣傳服務 / 商品」四大類分別有多種訊息範本，可以點開來之後直接套用（記得修改內容），或是先看看範本得到一些靈感，知道該怎麼設定自己的漸進式訊息比較好。

最後提醒大家，客製化的漸進式訊息是很有用的工具，但在使用時切記以下兩點。

第一、要隨時準備足夠的群發額度，否則隨著粉絲越多，這會變成一個吃訊息扣達的大怪物，萬一額度不夠自己停掉了，那一切設定就白費功夫了。

第二、客戶粉絲收到關心訊息可能會誤以為是真人發出的，然後會立即回來和你做一對一聊天，或提出進一步的需求服務，所以後台隨時要有真人注意粉絲回覆訊息，然後做適當的應對，才會達到導購轉換的成效（這裡的一對一聊天是不用費用的），如果一切只仰賴自動化發送，忘了要回來和粉絲真人互動，那就失去當初這麼設定的初衷了，或許未來引進 AI 客服，會多少有些幫助吧！

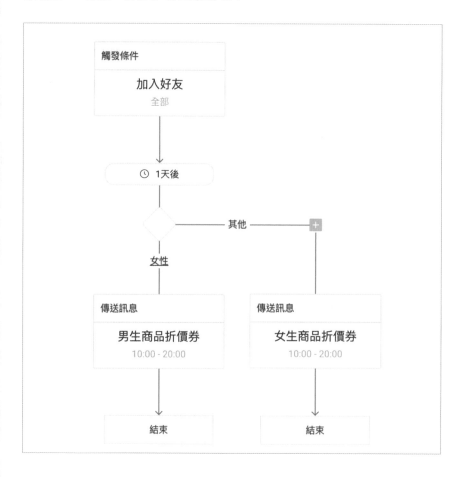

把 LINE 官方帳號
變成應用程式

什麼是 LINE 官方帳號的 API 串接？

LINE 官方帳號的 API 串接，其應用策略可以另外寫一本書了。所以在本書中，我主要想告訴大家，LINE 官方帳號的 API 串接為什麼是個重要功能？為什麼值得我們升級？他可以發揮什麼效用？以及基本的串接流程有多簡單？

API 串接有什麼用？

關於 API 這件事，我們先來看一下維基百科的定義：

「與網際網路相連的端系統提供了一個應用程式介面（英語：Application Programming Interface，縮寫：API；又稱為應用程式編程介面）是軟體系統不同組成部分銜接的約定。API 規定了執行在一個端系統上的軟體請求網際網路基礎設施向執行在另一個端系統上的特定目的地軟體交付資料的方式。」

不曉得大家看懂了嗎？用白話文來翻譯，就是程式系統透過開放一個介面，讓其他人可以把想要的擴充功能銜接上去。

以全世界最多人使用的社群平台 Facebook 為例，它從一上線就是採用開放 API 的模式，如果覺得 Facebook 本身功能不足的人，可以自己開發應用程式，透過 API 串接，讓你的應用程式與 FB 結合，延伸彼此的功能。

重要的是，API 串接變成零元開放

從 2019 年中，LINE 決定進化到 2.0 之後，API 政策終於迎來了一個重大的轉變，不但開放更多的 API 接口，也終於讓串接 API 這件事從每月 3888 元直接降到零元！

很明顯看得出來，LINE 公司終於也瞭解，要增加每個人對 LINE 的黏著度和依賴度，就要讓它更開放，才會整合進來更多的功能。

很可惜這個免費開放的時間點實在有些晚，再加上 LINE2.0 之後群發費用也大增，變得使用者還沒來得及享受到串接 API 的好處，只看到 LINE 月費「可能」變高，就可能棄用了。

再加上串接 API 雖然從 3888 元降為零元，但絕大部份有寫 LINE API 串接的應用服務，價格仍然居高不下，從一年數萬元到數十萬不等，實在有點不大親民。

這也讓許多原本不打算花大錢做行銷的企業，變得連想接觸瞭解 API 的意願都沒有，實在是太可惜了。

希望可以有更多應用服務投入 LINE 的 API 串接，創造百家爭鳴，甚至有些 API 應用服務可以推出部份功能免費，至少讓大家有機會先開始使用，感受外掛擴充功能的強大之處，再透過使用程度或獲利情況來收費，讓串接 API 功能變成一種習慣或流行就好了。

這就是有沒有開放 API 的最大差異。

我應該如何開始使用 LINE 的 API 外掛？

來自 LINE 正式合作的外掛模組推薦

LINE 目前把有和他們正式合作的外掛模組，放在「LINE 官方帳號：外掛模組市集」裡，按照四種不同的目的分類：

➕ 鞏固顧客

➕ 遊戲互動

➕ 一指開店

➕ 懶人預約

根據不同的使用目的，推薦給大家不同的模組工具。也可以直接點選，查看全部外掛模組。目前這些外掛模組，主要是來自七間不同的公司，各有特色和專長，也多半都有提供免費試用 7-14 天的服務，可以每個都裝來試用看看。

一次只能啟用一個外掛模組

但是要特別注意的是，目前 LINE 官方帳號後台只提供串接「一個」外掛模組服務。

所以使用了 A 模組，就不能用 B 模組，雖然可以隨意切換，但換了不同模組之後，原模組上儲存的一些資料內容，是無法延續到新模組上的（除非前後模組都提供了匯出、匯入功能，這種功能未來也應該會是選擇模組時的考慮重點）。

例如在外掛中累積的模籤、會員資料等等，不一定能轉移到另一個模組。

所以一定先儘可能試用該模組的所有功能，也同時要考量那間公司未來的售後服務、永續發展（工程團隊陣容），不只是用年費金額高低來比較決定。

≡

先試用，再決定正式使用的模組。
免得使用一段時間之後變成了孤兒，
或是還想開發什麼專屬的客製化功能，
卻求助無門。

LINE 官方帳號的 API
可以創造什麼應用？

換個角度說，只要全台灣的 LINE 使用人數不變，未來各式各樣現有的應用服務，都應該要推出「LINE API 串接模組」，把你現有的服務和 LINE 官方帳號儘量綁在一起，才是聰明之舉。

舉例來說，如果你是一間飯店，和 LINE 官方帳號串接之後：

➕ 客人訂房不用再到你們官網或 Booking 網站。

➕ 只要點進你們的 LINE 官方帳號，就可以透過下方選單訂房付款。

➕ 並且透過 LINE 收到確認通知。

➕ 在住房前幾天也會透過 LINE 收到提醒訊息。

如果你是一個健身中心，透過 LINE API 串接官方帳號之後：

➕ 每個 LINE 粉絲應該立刻綁定變成會員。

➕ 除了可以隨時透過 LINE 帳號預約健身教練、健身課程之外。

➕ 還會定時在 LINE 收到健身中心透過你的身體記錄、運動習慣、飲食內容，傳送給你獨一無二的減重健身建議。

➕ 這些建議當然 90% 都是系統程式精心計算後產生的，所以絕對
不是每人都一樣的群發內容。

請問，LINE 官方帳號如果可以做到這樣，就算每月會員必需額外付出
一些費用，應該還是很多人會願意吧？這麼實用的「一對一私人教練服
務」，誰又捨得把你封鎖呢？

我還可以舉出各種可能案例，這也不全是我憑空幻想出來，事實上，
微信在大陸的應用早就是如此，可以說只有你想不到，沒有微信做不到
的事。

只要你想像中一個手機 APP 可以做出來的服務，全部透過 LINE API
與官方帳號串接之後，都絕對可以設計出來，甚至比一個手機 APP 還
要來的方便與強大。

因為至少你不用再花費大把精神來游說大家下載 APP，也不用擔心大
家因為手機容量不夠就把你的 APP 給刪掉了。

≡

這時候，
LINE 就是可以解決各種問題的 APP，
而你的 LINE 官方帳號
就是可以解決會員問題的 APP。

LINE 官方帳號的 API 串接示範

在這裡，我用一個合作多年的 API 外掛模組當做範例，簡單示範一下如何做 API 串接。

即使你不是工程師，也可以在線上 DIY，輕鬆的讓你的 LINE 官方帳號搖身一變，就增加了許多原本沒有的外掛功能。

這家 API 外掛模組提供的公司是「叡揚資訊」，他們有許多年豐富的雲端資訊服務經驗，目前有數個很成熟的雲端工具，包括：

- Vital CRM 雲端客戶關係管理
- Vital General Ledger 雲端會計總帳
- Vital Official Document 雲端公文管理等等

其中我們公司很長期有在使用他們的 Vital CRM 雲端客戶關係管理系統，剛好他們也早在 2018 年就開始全力投入 LINE API 模組串接的服務，目前是 LINE 官方帳號與 CRM 結合的最佳範例。

以下是詳細的 LINE 官方帳號串接步驟示範。

先在 LINE 官方帳號開啟 API 功能

步驟 1

第一步,要先去申請一
個 Vital CRM 的免費
完整 30 天試用帳號:
https://lihi1.com/
lAENM

申請流程在這裡:
https://lihi1.
com/86Q8F

步驟 2

接下來,進入 LINE 官方帳號後台「Messaging API」做設定。請於主
頁右上方的「設定」中進入功能,接著點擊左方列表中的「Messaging
API」。

步驟 3

進入 Messaging API 設定頁面後，可以見到狀態顯示為「未使用」，
請點擊「啟用 Messaging API」。

步驟 4

請選擇管理此帳號的服務提供者（企業或個人），在「建立服務提供者」
欄位中輸入您的公司名稱（建議為公司名稱或與您的 Vital CRM 站台同
名）。

在「隱私權政策及服務條款」登錄中，此二項目皆為選填欄位，可以不
填；若貴公司有相關規定，可將網址輸入於欄位中，日後登錄內容仍可
變更。

接著，系統會請您確認「帳號名稱」及「服務提供者名稱」，確認無誤，
請點擊「確定」。

Messaging API 設定完成後，狀態為「使用中」，請檢查 Channel ID 資訊及 Channel secret 是否顯示，此為與 Vital CRM 串連的重要資訊。

到 API 服務後台完成設定

步驟 1

接下來，則要回到 Vital CRM 後台設定「客戶資料回填表」：
https://lihi1.com/mZ6nl

來到 Vital CRM 系統中，登入你的帳號，點選上方功能列表中的「社群媒體」，初次設定時就會進入設定畫面，請點擊「前往設定」。

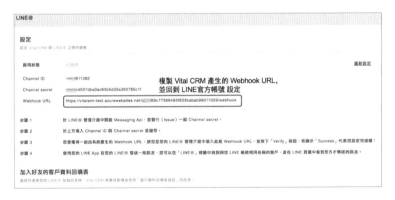

步驟 2

請將 LINE 官方帳號 Messaging API 中的 Channel ID 及 Channel secret，
複製到 CRM 系統中，確認無誤後，點擊右上方的「儲存」。

步驟 3

儲存成功後，系統畫面中的「Webhook URL」會出現一串網址，請將
此複製起來，並回到 LINE 官方帳號設定畫面。

回到 LINE 官方帳號，完成串接

步驟 1

將方才複製好的 Webhook URL 貼至圖中「Webhook 網址」欄位，並點擊右方「儲存」按鈕。

步驟 2

接著，在左方列表中點選「回應設定」，進入頁面後，請檢視下列設定：

➕ 請在「基本設定 > 回應模式」中，確認模式選擇為「聊天機器人」

➕ 請在「進階設定 > Webhook」中，確認狀態為「啟用」

測試串連是否成功，請於「主頁」中點擊左方列表中的「加入好友」，
可藉由以下方式新增好友來測試 LINE 官方帳號的串連結果：

➕ 網址

➕ 行動條碼

➕ 加入好友鍵

串接好 API，之後可以做什麼？

從現在開始，所有加入你官方帳號的 LINE「新粉絲」，也會立刻變成 Vital CRM 的「會員」。

你可以使用 Vital CRM 的「社群媒體」功能，來與粉絲會員做一對一的互動，也可以透過 Vital CRM 原本的標籤，結合社群媒體功能，來篩選受眾做分眾群發。

如果粉絲在一加入 LINE 官方帳號好友時，在歡迎詞裡就點選連結，填入了更多客戶資料（可能要給一些誘因或動力，粉絲才會願意填寫），粉絲就不再只是一個「LINE 顯示名稱」，而是有血有肉的會員顧客了。

➕ 加入 LINE 官方帳號的好友，立即新增至 Vital CRM 客戶清單內，且標注了 LINE 官方帳號的標籤。

➕ 承襲原本 Vital CRM 標籤功能，透過標籤分群發送訊息。

➕ 可發送帶個人化的訊息內容。

➕ 加入 LINE 官方帳號，可以設定並請好友填寫真實個人姓名、電子郵件、聯絡電話等，完整收集好友的詳細資料！

➕ 透過 LINE 好友的查詢功能，可以得知被哪些好友封鎖了，可透過其他管道挽回客戶。

➕ 對話記錄可永久保存、搜尋、整理。

➕ 可設定聯繫腳本，自動發送訊息。

➕ 未來整合多家社群媒體在同一後台。

PART 05

分眾加功能活用，用 LINE 官方帳號分眾行銷

5-1

什麼是分眾行銷？

LINE 官方帳號的兩大核心策略，一是把你的官方帳號變成顧客的實用工具，而是對你的顧客進行分眾行銷。但什麼是分眾行銷？應該如何操作？本書最後一章，將跟大家一起分享分眾行銷的案例與策略。

日本麥當勞曾經推出過一張會員甜心卡，只要結帳時出示這張卡片，就會給一定的折扣或小贈品。

當然，你的消費記錄也都透過甜心卡，儲存在他們的會員資料庫中。

這些會員數據，除了拿來做為產品設計的依據之外，最重要的是會透過消費內容分析歸類，針對不同屬性的客人，再發送不同的簡訊，來達到增加業績的目的。

舉幾個例子：

➕ 對於那些每個周末假日都會去購買咖啡的顧客，到了周六一大早，就會收到咖啡優惠券，加強你的這個消費習慣。

➕ 對於有一段時間沒來光顧的客人，就會發送給你過去經常消費的漢堡套餐的折價券。

➕ 對於經常來光顧，但每次都買固定品項的客人，就會收到新品套餐的折價券。

➕ 對於每次只買漢堡套餐的客人，則是會發送點心的折價券。

換句話說，每個人收到的折價券簡訊，都是依照你過去的消費內容、頻率、時間和金額，應該都是截然不同的！

這樣的分眾行銷，才能把刺激業績成長的效果極大化。

否則非但浪費了簡訊成本，長久下來，大家一直收到自己完全不需要、不相干的內容，還可能對企業產生負面的感受。

簡訊應該還是目前開啟率最高的行銷工具，沒有受眾可以在完全不開啟簡訊的情況下，就把它刪掉。然而，簡訊的缺點也不少：

➕ 簡訊成本也不低，最便宜一則簡訊也要 0.6 ～ 0.7 元左右。

➕ 而且大部份的簡訊都只能單向傳遞。

➕ 要雙向讓受眾可以回覆，還要額外費用。

➕ 再加上簡訊有字數和呈現方式的侷限。

簡訊，絕對不會是長期使用的好工具。

之前，在製作 APP 很風行的時候，很多公司為了蒐集客戶資料，也減

少實體卡片製作成本，花了很大的成本製作專屬 APP。然而，除非你是一個大家每天都會固定打開使用的 APP，如果大家只是偶爾消費時才會開啟，這個 APP 的成效是很低的，更不用說絕大部份的人為了避免打擾，一開始就會把 APP 的提醒功能給封鎖了。

所以，不要花大錢開發自己的 APP，而是使用大家每天都會頻繁使用到的 LINE，來借力使力，只要善用我前面提到的各種內建功能，建立你的受眾名單。或是加上 API 串接，讓粉絲綁定會員，把個資和消費記錄全都儲存在資料庫中。

≡

利用 LINE 官方帳號提供的工具，
來把粉絲做很詳細的分類，再透過 LINE
來「分眾發送」粉絲真正有需要的內容，
才是真正省錢又有效的策略。

分眾行銷如何為客戶做分類？

分眾行銷有兩個層次：

➕ 第一，是如何把粉絲客戶做分類？

➕ 第二，是要發送什麼分眾訊息？

有句話是這麼說的：只有找到客戶的精準需求，才能進行精準的推送。一條垃圾訊息，有可能立刻讓你的客戶瞬間流失 20% 以上。

粉絲（客戶）分類可由三種維度來進行：售前售後、客戶成份、產品喜好。

售前售後

售前售後很容易理解，簡單說，就是這個人有沒有消費過你們的產品。

但如果要再仔細分類，我們可以把粉絲區分成幾種：

➕ 潛在客戶

➕ 準客戶

➕ 客戶

➕ 忠誠客戶

➕ 黃金客戶

以一間汽車銷售公司為例。

因為想買車來到公司賞車，或是為了看更多相關情報，掃描了 QRcode 加入變成粉絲，這是「潛在客戶」。

在現場或網路上詢問了很多，有表達出想買車子的意願，只是因為種種原因還在考慮尚未下訂，這種粉絲叫做「準客戶」。

已經下單購買了就是「客戶」。

因為汽車單價較高，使用年限也較長，只要在你們公司買了一台以上，基本上都可以稱之為「忠誠客戶」。

如果不但自己買了很多部車，還介紹了一些朋友來買車，這種客戶可以歸類為「黃金客戶」。

≡

按照以上的分類，你們還覺得不同客戶 應該收到一模一樣的內容嗎？

如果我昨天才剛牽車，今天就收到公司傳來該款車型大降價的消息，不急著大跳腳要求退錢才怪！

如果我是準客戶，明明在考慮 A 款車，你又一直向我推銷 B 款車，讓我更加猶疑不定，也不是件好事情。

如果我是和你們熟得不得了的黃金客戶，與其一天到晚發送廣告訊息對我疲勞轟炸，還不如多告訴我一些市面看不到的幕後情報資訊，或是轉介紹的好康回饋，對我會更有吸引力一些。

客戶成份

客戶成份，簡單說就是每個人的基本資料，但這裡的基本資料可不只有姓名、電話、地址而已。

在 LINE 官方帳號沒有串接 API 之前，我們唯一可以看到的就是他的 LINE 顯示名稱，其他可以說是一無所知。

但透過後續的表單回填或問卷調查，再整合上他的消費記錄、親友人脈關係，甚至如果可以把實體見過面的一些印象特癥全都記錄下來，就會是一個非常龐大的「客戶側寫大數據」。

我把客戶成份再細分成以下四種資訊：

➕ 個人數據：姓名、性別、年齡（生日）、婚姻狀況、身體狀況、家人好友關係等等。

➕ 聯絡數據：電話、電子信箱、地址、國籍、語言、從何地加入變成好友等等。

➕ 行為數據：所有的消費內容明細、消費次數、最後一次消費時間、互動內容及頻率、態度口吻等等。

➕ 財務數據：每次的消費金額、累計的消費金額、付款方式、累積
　　點數等等。

這些客戶成份，在 LINE 官方帳號後台的聊天功能中（可看第三章的
教學），本身就有貼標籤和記事本的功能，可以善加利用，這樣當粉絲
和我們一對一私訊互動時，可以第一時間就對客戶有相當瞭解，不論要
做服務或銷售，都會相當有利。

但如果可以串接 API，把 LINE、會員 CRM 系統與購物系統（線上或
線下商城資料庫），全整合在一起，才是最方便又強大的。

因為這些資訊不只是被動提供我們「參考使用」而已，做為行銷人員，
更要學會分析大數據資料後，把客戶做詳細的標籤分類，然後主動提供
客戶需要的資訊，如果能夠做到比客戶還瞭解他的需求，可以提早做貼
心的服務，推銷成功的機率會增加許多。

舉例來說，如果一家牙醫診所請所有的病人全都加入 LINE 官方帳號，
並且透過 API 串接做會員綁定，再把病歷系統和 CRM 系統整合在一起，
這個帳號可以提供什麼服務呢？

➕ 透過 LINE 帳號可以直接預約掛號，看病前幾日還會自動跳出提
　　醒。

➕ 按照牙齒健康情況及這個人的保健習慣，系統可以在一定周期，
　　發出你該回來洗牙的貼心提醒。

➕ 在法律允許的情況下，病人可以點個選單按鈕，輸入密碼後，就
　　可以查詢自己的病歷及就看診記錄。

➕ 在後台按照病人牙齒情況、經濟能力貼標籤，如果有適合他的新服務（治療方式），可以主動推送給他，並且說明為什麼適合他。

➕ 如果同一家庭都是該診所的病人，在通知該病人來看診時，可以順便提醒他那位親友可以一起過來洗牙或檢查。

所以不只是蒐集客戶資料，更重要的是應該要學會如何聰明使用這些資料，才能一方面「節省發送成本」，另一方面「提昇行銷效果」。

客戶成分 - 以婚紗業為例

婚紗攝影客戶群體		客戶描述
有男女朋友準備結婚的潛在客戶及未知客戶	1	客戶並不急於選擇婚紗產品，對廣告厭惡，但可以接受兩性關係等非行銷信息
婚紗已確定將要或正在選擇婚紗照的準客戶	2	客戶在多家同類產品中進行選擇，需要瞭解產品核心優勢及促銷信息提供判斷
正在或已經消費的忠實客戶	3	客戶願意分享自己的服務過程，或轉介紹，也可接受後續產品消費信息

產品喜好

想瞭解客戶的喜好，最重要最直接的當然就是去統計分析他的消費記錄，但如果是從來沒有消費過的客戶，又要怎麼瞭解他的喜好呢？

透過對話聊天的過程，可能可以知道一些，這要靠客服人員對行銷的敏感度，除此之外，常見的方法是使用問卷或是線上小活動，來旁敲側擊出客戶的喜好。

舉例來說，大陸的星巴克曾經在微信公眾號上舉辦過一個「性格測驗」小活動：每個人心中都住著一杯不為人知的星冰樂，回覆你喜愛的星冰樂號碼，就能知道你的星冰樂性格喔！

等你在圖片中，從九種星冰樂中點下你最喜歡的一杯，就會看到一個「星冰樂性格分析」（誰知道怎麼算出來的）。

但這個活動的目的，是同一時間，在系統的後台就自動幫你貼上了喜好「哪一種星冰樂」的標籤，下次如果有相關的產品推出，你保證第一時間就會收到通知。

≡

類似的方法不勝枚舉，透過算命、星座、小遊戲、抽獎、一問一答、聊天機器人等等互動，客戶很容易就洩露了他的喜好興趣。

其實，這些都還不是最高明的技巧，你知道現在透過 API 串接，可以在官網或產品商城網站放入追蹤碼，當你點了一個 LINE 按鈕進到客戶網站之後，你的所有瀏覽、點選、消費過程，可能早就被偷偷記錄下來，並且貼上了各式各樣不同的標籤，就算你最後完全沒下單也沒留資料，但厲害的行銷人員還是把你的喜好摸的一清二楚。

≡

瞭解喜好，再做到「投其所好」的內容推送，才能夠降低封鎖率，增加成交的機率。

　　相信大家都看過某租車公司的電視廣告：只要一通電話過去，客服人員不但報出你的姓名，連你每次租什麼車，甲地租乙地還的習慣都瞭若指掌，客戶怎麼可能不滿意呢？

　　以上三種粉絲客戶的「分類維度」，如果可以交叉分析，將可以做出最精準有效的行銷。

	少淑女 年齡 18-22	上班白領 年齡 23-35	熟女 年齡 36-45
未消費或未知客戶	1	4	7
至少消費過 1 次客戶	2	5	8
VIP 客戶	3	6	9

　　以上圖為例，如果是一間服飾店，很粗淺的把客戶按照年齡、消費情況兩個維度來分類，還沒有加上產品喜好，就可以分成九類。

　　試問，如果對方是一個經常來消費的 VIP 熟女客戶，如果一天到晚還收到少女淑女的新衣服推薦，不把你封鎖就偷笑了，怎麼可能下單消費？相反地，對於少女淑女客戶，也不可能對於熟女服裝有興趣的。

　　不要再說分眾行銷沒有用了，其實大部份情況是店家懶得做，或是不曉得從何做起而已。將心比心，我們自己都不喜歡收到和別人一模一樣的廣告內容，我們的客戶粉絲怎麼會喜歡呢？

　　沒錯，過去行銷人員想要做好分眾行銷這件事並不容易，CRM 系統要花大錢、蒐集客戶資料很困難、幫客戶貼標籤不知道怎麼做？更不曉得如何分眾來推播不同的訊息、評估成效。

然而，現在有愈來愈多的雲端客戶關係管理系統，大部份又都有 API 接口，要串接整合消費記錄比以前容易，再加上可以和 LINE2.0 之後的官方帳號串接在一起，針對不同人發送不同訊息。

整體的成本和困難度都降低很多，差別是在你要不要用心去做而已！

用 LINE 官方帳號，分眾經營你的好友

如果可以好好利用 LINE 官方帳號的內建功能、API，按照下圖我整理的「完整會員經營流程」。

一步一步做好分眾行銷、貼心服務，最後再發揮 LINE 分享傳播的社群力量，達到「呼朋引伴」來消費的效果，一定會可以事半功倍、業績蒸蒸日上。

【BizPro】2AB547

LINE 即時行銷全攻略：
從經營顧客到提升銷售實戰計畫書

作　　者	權自強	香港發行所	城邦（香港）出版集團有限公司
責任編輯	黃鐘毅		香港灣仔駱克道 193 號東超商業中心 1 樓
版面構成	江麗姿		電話：（852）25086231
封面設計	任宥騰		傳真：（852）25789337
行銷企劃	辛政遠、楊惠潔		E-mail：hkcite@biznetvigator.com
		馬新發行所	城邦（馬新）出版集團
總 編 輯	姚蜀芸		41, Jalan Radin Anum, Bandar Baru Sri
副 社 長	黃錫鉉		Petaling, 57000 Kuala Lumpur, Malaysia.
總 經 理	吳濱伶		電話：（603）90563833
發 行 人	何飛鵬		傳真：（603）90576622
			E-mail：services@cite.my
出　　版	電腦人文化		
		印　　刷	凱林彩印股份有限公司
發　　行	城邦文化事業股份有限公司		2023 年 5 月 初版一刷
	歡迎光臨城邦讀書花園		Printed in Taiwan.
	網址：www.cite.com.tw	定　　價	420 元

客戶服務中心

地址：10483 台北市中山區民生東路二段 141 號 B1
服務電話：（02）2500-7718、（02）2500-7719
服務時間：周一至周五 9：30 ～ 18：00
24 小時傳真專線：（02）2500-1990 ～ 3
E-mail：service@readingclub.com.tw

若書籍外觀有破損、缺頁、裝釘錯誤等不完整現象，
想要換書、退書，或您有大量購書的需求服務，都
請與客服中心聯繫。

- 詢問書籍問題前，請註明您所購買的書名及書
  號，以及在哪一頁有問題，以便我們能加快處理
  速度為您服務。

- 我們的回答範圍，恕僅限書籍本身問題及內容撰
  寫不清楚的地方，關於軟體、硬體本身的問題及
  衍生的操作狀況，請向原廠商洽詢處理。

- 廠商合作、作者投稿、讀者意見回饋，請至：
  FB 粉絲團 http://www.facebook.com /InnoFair
  E-mail 信箱 ifbook@hmg.com.tw

國家圖書館出版品預行編目（CIP）資料

LINE 即時行銷全攻略：從經營顧客到提升銷售實
戰計畫書 / 權自強 著 .-- 初版 -- 臺北市；電腦人文
化出版；城邦文化發行，2023.5
面；　公分

ISBN 978-957-2049-27-3（平裝）
1.CST: 網路行銷 2.CST: 網路社群 3.CST: 行銷策
略

496　　　　　　　　　　　　　　　111020436